Einführung in die hyperbolische Geometrie

Michael Barot

Einführung in die hyperbolische Geometrie

Anleitungen für eine Entdeckungsreise

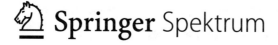 Springer Spektrum

Michael Barot
Schaffhausen, Schweiz

ISBN 978-3-658-25812-2   ISBN 978-3-658-25813-9   (eBook)
https://doi.org/10.1007/978-3-658-25813-9

Die Deutsche Nationalbibliothek verzeichnet diese Publikation in der Deutschen Nationalbibliografie; detail-
lierte bibliografische Daten sind im Internet über http://dnb.d-nb.de abrufbar.

Springer Spektrum

Springer Spektrum ist ein Imprint der eingetragenen Gesellschaft Springer Fachmedien Wiesbaden GmbH und ist
ein Teil von Springer Nature
Die Anschrift der Gesellschaft ist: Abraham-Lincoln-Str. 46, 65189 Wiesbaden, Germany

Vorwort

Dieses Büchlein handelt von einer Geometrie, die erst im neunzehnten Jahrhundert entdeckt wurde. Diese Entdeckung hatte eine wichtige Konsequenz, denn zuvor gab es nur eine einzige Geometrie, die sogenannte *euklidsche* Geometrie, benannt nach dem Griechen EUKLID, der so ca. 350 bis 290 v. Chr. gelebt haben muss. Die Mathematiker waren lange der Ansicht, mit dem Studium *dieser* Geometrie betrieben sie auch ein Studium der Eigenschaften des Raumes, der uns umgibt. Mit der Entdeckung der *hyperbolischen* Geometrie sah dies plötzlich ganz anders aus: es gab einen radikalen Wechsel in der Sichtweise auf den Stellenwert der Mathematik.

Wenn es mehrere Geometrien gab, welche war dann die Geometrie unseres Raumes? Der deutsche Mathematiker CARL FRIEDRICH GAUSS (1777–1855) vermaß dazu ein großes Dreieck gebildet aus drei Bergspitzen, um die Winkelsumme nachzumessen, denn in der euklidschen Geometrie ist bekanntlich diese Summe gleich 180°, in der neuen Geometrie hingegen ist die Summe immer kleiner als 180°. Seine Messung ergab eine Winkelsumme, die nicht mehr als der Messfehler von 180° abwich. Sein Versuch, die Frage nach der „richtigen" Geometrie durch eine Messung zu beantworten, schlug daher fehl. Klar wurde jedoch: die Mathematik beschäftigt sich mit den verschiedenen Geometrien als *Modelle*, und es ist Sache der Physiker zu entscheiden, welches Modell angemessen ist.

In diesem Büchlein soll diese neue Geometrie nicht einfach vorgestellt werden, sondern das Ziel ist es, Anleitungen zu geben, diese Geometrie selber zu erforschen, und nach und nach einzudringen in diese recht fremde, aber äußerst interessante neue Welt. Gelingt das Experiment, so wird der Leser ein tieferes Verständnis auch der euklidschen Geometrie erlangen, denn gewisse Eigenschaften, die man gerne als gegeben und selbstverständlich hinnimmt, werden plötzlich in Frage gestellt. Ein Reflexionsprozess beginnt ähnlich dem, der über die eigene Sprache oder eigene Kultur einsetzt, wenn man zum ersten Mal eine Fremdsprache erlernt oder eine neue Kultur erschließt.

Als wesentliches Hilfsmittel wird uns ein Computer Geometrie Software (kurz CGS) dienlich sein. Dies kann irgendeines sein, wichtig dabei ist jedoch, dass gewisse Konstruktionen als „Werkzeuge" abgespeichert und danach eingesetzt werden können. Wir werden dazu GeoGebra verwenden. Mit dem CGS lassen sich Sachverhalte leichter erforschen. Um den Forschungs-drang nicht durch allzu viele Beweise zurückzubinden, haben wir die meisten davon für den interessierten Leser in ein Kapitel ans Ende gepackt.

Mein Dank richtet sich an alle, die mir bei der Erarbeitung dieser Notizen geholfen haben, speziell jedoch an Daniel Baumgartner, Giancarlo Copetti und Javier Bracho, die jeder auf seine Art, wertvolle Unterstützung geleistet haben.

So, nun ist alles gesagt. Es kann losgehen.

Michael Barot

Inhaltsverzeichnis

1. Das Parallelenpostulat

Man darf sich zurecht fragen, warum die Entdeckung der hyperbolischen Geometrie gerade im neunzehnten Jahrhundert gar dreimal unabhängig voneinander vollzogen wurde. Was war neu? Um das radikal Neue einzusehen, müssen wir in der Zeit weit zurückgreifen und dort beginnen, wo alle Wissenschaft begann: im antiken Griechenland.

1.1. Die Geburtsstunde der modernen Mathematik

Es war THALES VON MILET (ca. 624–546 v. Chr.), der versucht hatte, die Nilschwemme als Naturphänomen zu *erklären*, ganz im Gegensatz zu den Ägyptern, nach denen einfach ein Gott alljährlich wiederkehrte, um diese Überschwemmungen zu bringen. Nach THALES waren es starke Winde, die das Nilwasser stauten. Die Erklärung ist zwar falsch, aber eben auch debattierbar. So erklärte schon sein Schüler ANAXIMANDER (ca. 610–547 v. Chr.) das Phänomen ganz anders, nämlich als Folge von Schneeschmelzen, was auch wieder falsch ist. Das radikal Neue daran ist die Tatsache, dass THALES versuchte, die Natur durch die Natur zu erklären. Mit einem Gott lässt sich schlecht debattieren, mit Menschen jedoch viel besser.

Auch ist überliefert, dass THALES vier mathematische Sätze bewies, welche jedoch äußerst einfach waren. Ja, er versuchte selbst Offensichtliches noch zu begründen, wie zum Beispiel die Tatsache, dass ein Durchmesser einen Kreis in zwei gleiche Teile zerlege. THALES trat damit eine Bewegung los, immer skeptisch zu bleiben und nichts als gegeben hinzunehmen. In zweieinhalb Jahrhunderten nach THALES reifte in der Mathematik ein Werk heran, welches *Die Elemente* benannt wird. Die ausgereifteste Version stammt von EUKLID VON ALEXANDRIA.

1.2. Die axiomatische Methode

Eine mathematische Begründung ist eine Argumentationskette, die auf bereits Bekanntes zurückführt. Nun aber kann man auch das bereits Bekannte hinterfragen und in noch grundsätzlicheren Aussagen begründen. Dieser Prozess kann im Prinzip beliebig oft fortgesetzt werden. Die Griechen erkannten, dass die Begründung von Wissen ein Fundament bedarf, das nicht

© Springer Fachmedien Wiesbaden GmbH, ein Teil von Springer Nature 2019
M. Barot, *Einführung in die hyperbolische Geometrie*,
https://doi.org/10.1007/978-3-658-25813-9_1

weiter hinterfragt wird. Das Fundament sollte dabei aus möglichst einsichtigen, möglichst einfachen und möglichst wenigen Aussagen bestehen.

Diese Methode wird heute *axiomatische Methode* genannt, weil die nicht weiter zu begründenden Aussagen nach ARISTOTELES (384–322 v. Chr.) *Axiome* genannt wurden. Die axiomatische Methode gilt als Goldstandard der Mathematik: es wird offen dargelegt, was man ohne Diskussion als gegeben voraussetzt. Alles danach ist logische Deduktion.

EUKLID gibt in *die Elemente* für die Geometrie fünf solcher Axiome an: Gefordert wird,

1. dass man von jedem Punkt nach jedem Punkt die gerade Linie ziehen könne,

2. dass man eine begrenzte gerade Linie zusammenhängend gerade verlängern könne,

3. dass man mit jedem Mittelpunkt und Abstand den Kreis zeichnen könne,

4. dass alle rechten Winkel einander gleich seien,

5. dass, wenn eine gerade Linie beim Schnitt mit zwei geraden Linien bewirke, dass innen auf derselben Seite entstehende Winkel zusammen kleiner als zwei Rechte würden, dann die zwei geraden Linien bei Verlängerung ins Unendliche sich treffen würden auf der Seite, auf der die Winkel lägen, die zusammen kleiner als zwei rechte seien.

Das zweite Axiom zeigt, dass „Gerade" für die Griechen immer eine begrenzte gerade Strecke bedeutete. Vergleicht man die Axiome, so sticht das fünfte heraus. Während die ersten kurz, knapp und verständlich sind, benötigt man beim fünften eine Skizze:

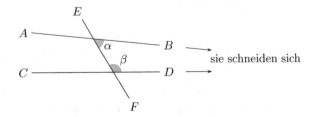

Die Geraden AB und CD werden durch eine weitere Gerade, nämlich EF geschnitten und zwar so, dass die Winkel innen, also α und β, zusammen kleiner als zwei Rechte sind. Das Axiom besagt, dass in dieser Situation die ersten beiden Geraden sich schneiden, sofern man sie nur genügend verlängert. Und es präzisiert: die beiden Geraden AB und CD schneiden sich auf der Seite, auf der die zwei Winkel α und β liegen.

1.3. Beweisversuche

Das fünfte Axiom, auch *Parallelenaxiom* oder *Parallelenpostulat* genannt, war vielen nachfolgenden Geometern ein Dorn im Auge. Sie versuchten daher zu zeigen, dass die ersten vier Axiome genügen und das fünfte eine Konsequenz der ersten vier sei. Es gibt sehr viele dieser Versuche, wir betrachten nur zwei.

Der erste stammt von PROKLOS (412–485) und betrifft eine leicht abgeänderte, aber eng mit dem Parallelenpostulat verwandte Situation. Er argumentiert wie folgt: Seien AB und CD zwei Parallelen, also zwei Strecken, die sich auch bei Verlängerung nicht schneiden. Weiter sei EF eine Gerade, die AB in G schneidet und P ein Punkt auf GF, also innerhalb der zwei Parallelen, siehe die folgende Figur.

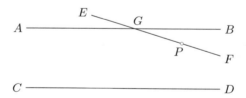

Nun lassen wir P gegen F gehen und darüber hinaus auf der Verlängerung. Der Abstand von P zu AB nimmt dabei zu und übersteigt jede erdenkliche Schranke. Daher, so folgert PROKLOS, muss EF notwendigerweise in ihrer Verlängerung einmal CD schneiden.

Der Fehler in der Argumentation, liegt in der Annahme, dass die Punkte auf zwei Parallelen immer denselben Abstand voneinander haben, also alle Punkte auf AB denselben Abstand von CD haben. Dies ist in der euklidschen Geometrie der Fall, folgt aber nicht aus den ersten vier Axiomen, sondern benötigt das Parallelenaxiom.

Der zweite Beweisversuch stammt von FARKAS BOLYAI (1775–1856). Er geht aus von der Siutation, die im Parallelenaxiom beschrieben wird und wählt einen Punkt P zwischen AB und CD. Dieser Punkt spiegelt er einmal an AB, um P' zu erhalten, und einmal an CD, um P'' zu erhalten. Die drei Punkte P, P' und P'' liegen daher nicht auf einer Geraden und bilden ein Dreieck.

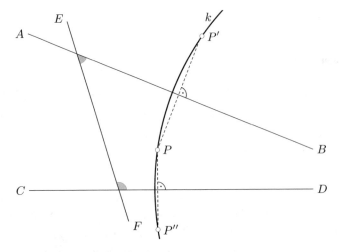

Sei nun U der Umkreismittelpunkt des Dreiecks $PP'P''$. Dann gilt: U liegt auf den Mittelsenkrechten von PP' und PP'', also auf AB und CD. Damit ist gezeigt, dass die zwei Geraden sich schneiden.

Aber auch diese Argumentation hat einen Fehler.

Aufgabe 1.1 Finde den Fehler in der Argumentation von FARKAS BOLYAI. Findest Du ihn nicht, so kannst Du gerne in den Lösungen in Kapitel 17 nachschauen.

1.4. Perspektivenwechsel

Unter den Beweisversuchen gibt es auch einige, die einen Widerspruchsbeweis versuchten. Sie gingen also vom Gegenteil des Parallelenaxioms aus und suchten einen Widerspruch zu finden. Der erste, der dies ausgiebig tat, war GIOVANNI GIROLAMO SACCHERI (1667–1733), der zweite JOHANN HEINRICH LAMBERT (1728–1777). Beide gaben jedoch irgendwann auf, nachdem sie mehrere Konsequenzen der ersten vier Axiome zusammen mit dem Gegenteil des Parallelenaxioms abgeleitet hatten.

Etwa ein Jahrhundert später unternahmen NIKOLAI IWANOWITSCH LOBATSCHEWSKI (1792–1856) und JÁNOS BOLYAI (1802–1860) einen ähnlichen

Versuch, jedoch mit einer ganz neuen Idee, nämlich, dass es gar kein Widerspruch gebe und eine ganz andere Geometrie möglich ist. Sie publizierten ihre Entdeckung unabhängig voneinander in den Jahren 1826 bzw. 1831.

Von links nach rechts: JOHANN HEINRICH LAMBERT, NIKOLAI LOBACHEVSKI, JANÓS BOLYAI und CARL FRIEDRICH GAUSS.[1]

Es gab zeitgleich noch einen dritten Mathematiker, der dies auch für möglich hielt, wie heute aus seinen Tagebuchnotizen hervorgeht: Es ist CARL FRIEDRICH GAUSS. Aber GAUSS publizierte nicht, denn er fürchtete die Reaktion der mathemtischen Gemeinschaft und dies nicht ohne Grund: die Arbeiten von LOBATSCHEWSKI und BOLYAI erhielten nicht die Auszeichnung, die ihnen zugestanden hätte. Dies geschah erst etwa fünfzig Jahre später, als erste Modelle dieser Geometrien gefunden wurden.

Vor dem Hintergrund des gescheiterten, zweitausendjährigen Kampfes um das Parallelenpostulat aus den ersten vier abzuleiten, erscheint die Leistung der griechischen Mathematiker noch größer: sie haben das Axiom aufgenommen, obwohl es nicht so leicht zugänglich und offensichtlich ist. Der Grund war wohl, weil sie keinen Weg daran vorbei sahen. Die Geschichte hat ihnen recht gegeben.

---

[1] Quellen:https://de.wikipedia.org/wiki/Johann_Heinrich_Lambert#/media/File:Johann_Heinrich_Lambert_1829_Engelmann.png,
https://commons.wikimedia.org/wiki/File:Lobachevsky.jpg,
https://commons.wikimedia.org/wiki/File:JanosBolyai.jpg,
https://fr.wikipedia.org/wiki/Carl_Friedrich_Gauss#/media/File:Carl_Friedrich_Gauss.jpg

2. Das Modell der Halbebene

2.1. Einige Definitionen von EUKLID

Bei EUKLID wurde zuerst definiert, was man sich unter den geometrischen Objekten, wie zum Beispiel Punkt oder Geraden vorzustellen hat. Schauen wir uns einige dieser Definitionen kurz an:

1. Ein Punkt ist, was keine Teile hat.

2. Eine Linie breitenlose Länge.

3. Die Enden einer Linie sind Punkte.

4. Eine gerade Linie ist eine solche, die zu den Punkten auf ihr gleichmäßig liegt.

Hätte man keine Vorstellung, was denn eine gerade Linie sei, so wäre die Definition 4 nicht sehr hilfreich. Die Geraden in der hyperbolischen Geometrie konnte man sich vor der Entdeckung von Modellen kaum vorstellen.

2.2. Der Standpunkt von Hilbert

Die axiomatische Methode erfuhr – unter anderem durch die Entdeckung der hyperbolsichen Geometrie – eine Revision am Ende des 19. Jahrhunderts. Wichtig für das Verständnis, was denn eine Gerade sei, war einzig das, was in den Axiomen ausgedrückt wurde. Das erste Axiom, das besagt,

1. dass man von jedem Punkt nach jedem Punkt die gerade Linie ziehen könne,

definiert sowohl Eigenschaften der Punkte, wie auch der geraden Linien. Gemäss dem modernen Standpunkt, sind dies aber alle Eigenschaften. Was man sich darunter vorzustellen hat, bleibt jedem einzelnen selber überlassen.

Der deutsche Mathematiker DAVID HILBERT (1862–1943) hat dies einmal wie folgt auf den Punkt gebracht: man könne anstatt „Punkte", „Geraden" und „Ebenen" auch „Tische", „Stühle" und „Bierseidel" sagen – die Schlussfolgerungen werden genau dieselben sein.

© Springer Fachmedien Wiesbaden GmbH, ein Teil von Springer Nature 2019
M. Barot, *Einführung in die hyperbolische Geometrie*,
https://doi.org/10.1007/978-3-658-25813-9 2

DAVID HILBERT[2]

2.3. Die Bezeichnungen

Das Modell, das wir in der Folge betrachten werden, wurde von EUGENIO BELTRAMI (1835–1900) im Jahr 1868 nebst anderen zwei Modellen vorgestellt. Seltsamerweise werden diese drei Modelle heute oft als „Poincarésche Halbebene", „Poincarésche Scheibe" und „Kleinsche Scheibe" bezeichnet, nach FELIX KLEIN (1849–1925) und HENRI POINCARÉ (1854–1912).

Von links nach rechts: EUGENIO BELTRAMI, HENRI POINCARÉ und FELIX KLEIN[3].

Wir werden das Modell der BELTRAMI-POINCARÉschen Halbebene präsentieren. In diesem wird erklärt, was ein Punkt, eine Gerade, ein Winkel in der hyperbolischen Geometrie ist. Wir geben also doch eine konkrete Vorstellung, was man sich nun unter diesen neuen Objekten vorzustellen hat.

---

[2]Quelle: https://de.wikipedia.org/wiki/David_Hilbert#/media/File:Hilbert.jpg
[3]Quellen: Ausschnitt aus: https://de.wikipedia.org/wiki/Eugenio_Beltrami#/media/File:Beltrami.jpg, https://fr.wikipedia.org/wiki/Henri_Poincaré#/media/File:Henri_Poincaré-2.jpg, https://de.wikipedia.org/wiki/Felix_Klein#/media/File:Felix_Klein.jpeg

Dies wird uns helfen, uns zurecht zu finden. Das Modell setzt allerdings die euklidsche Geometrie voraus. Wir werden also die hyperbolische Geometrie auf der euklidschen aufbauen, was zu Beginn sicher seltsam anmutet.

Da wir es also nun mit Punkten, Geraden usw. im euklidschen und im hyperbolischen Sinn zu tun haben werden, führen wir folgende Bezeichnung ein: ein Präfix **e** deutet auf ein Objekt der euklidschen Geometrie hin, ein Präfix **h** auf ein Objekt der hyperbolischen Geometrie. Alles findet statt in einer festen euklidschen Ebene, einer **e**-Ebene Σ.

2.4. Die h-Ebene

Wir fixieren eine **e**-Gerade ω in Σ. Um die Sprechweise einfach zu halten, denken wir uns ω horizontal. So zerlegt ω die Ebene in zwei Halbebenen: „oben" und „unten".

Definition

Ein **h**-Punkt ist ein **e**-Punkt in der oberen Halbebene. Die **e**-Punkte von ω sind keine **h**-Punkte. Die **h**-Punkte bilden die **h**-Ebene.

Eine **h**-Gerade ist ein **e**-Halbkreis oder eine **e**-Halbgerade, die ω senkrecht berührt.

Ein **h**-Winkel zwischen zwei **h**-Geraden wird gemessen als **e**-Winkel zwischen den **e**-Tangenten im **h**-Schnittpunkt.

Das folgende Bild zeigt mehrere **h**-Punkte, **h**-Geraden und die Messung eines **h**-Winkels $\alpha = \sphericalangle_h PQR$ zwischen zwei **h**-Geraden k und l.

Als Erstes soll die Frage nach der Gültigkeit des ersten euklidschen Axioms in der hyperbolischen Geometrie erörtert werden. Gilt also auch in der hyperbolischen Geometrie, dass durch je zwei Punkte genau eine Gerade verläuft? Mit anderen Worten: Ist es richtig, dass durch je zwei **h**-Punkte genau eine **h**-Gerade verläuft?

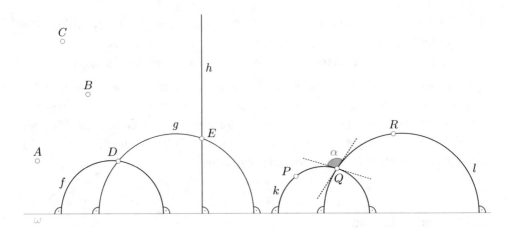

Seien also A und B zwei **h**-Punkte. Ist die **e**-Gerade $l = AB$ senkrecht zu ω, so definiert sie eine **e**-Halbgerade „oberhalb von ω", also eine **h**-Gerade g, auf der A und B liegen.

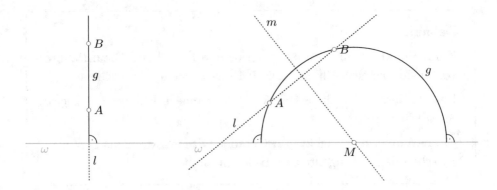

Andernfalls betrachten wir die **e**-Mittelsenkrechte m der **e**-Strecke AB. Diese ist **e**-senkrecht zu AB und daher nicht **e**-parallel zu ω. Sei M der **e**-Schnittpunkt von ω und m und k der **e**-Halbkreis „oben" mit **e**-Zentrum M durch A und B. Dann ist k die **h**-Gerade durch AB, siehe die obere rechte Figur.

Aufgabe 2.1   Im Folgenden soll „parallel" die Bedeutung „nicht schneidend" haben.

(a)   Betrachte folgende Skizze. Welche der drei **h**-Geraden sind parallel zueinander?

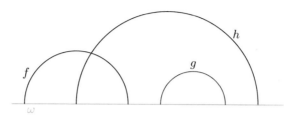

(b) In der euklidischen Ebene gilt für **e**-Geraden a, b, c folgende Aussage: ist a parallel zu b und b parallel zu c, dann ist auch a parallel zu c. Gilt dies auch im hyperbolischen Modell?

Aufgabe 2.2 Was kann über die Gültigkeit des fünften Axioms im hyperbolischen Modell ausgesagt werden? Untersuche diese Frage anhand verschiedener Skizzen.

Aufgabe 2.3 Betrachte folgende Skizze, die ein **h**-Dreieck ABC zeigt. Was kann man durch die Betrachtung über die Summe der Innenwinkel eines **h**-Dreiecks vermuten?

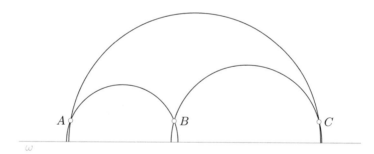

3. Beispiel eines CGS: GeoGebra

Ziel dieses Kapitels ist es, eine erste Vertrautheit mit einem CGS zu erlangen. Erfahrene Leser, also solche, die bereits gute Kenntnisse in der Nutzung eines CGS – es muss nicht GeoGebra sein – haben, können dieses Kapitel überspringen. Wir empfehlen jedoch als Test die letzte Aufgabe zu lösen.

GeoGebra ist eine Computer-Geometrie-Software (CGS). Mit ihr ist es möglich „dynamisch" Geometrie zu betreiben.

Ein leeres Fenster in GeoGebra schaut wie folgt aus:

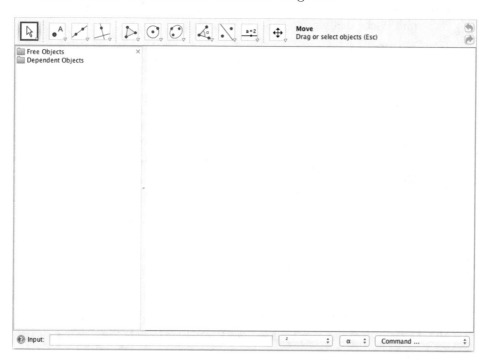

In der Folge geben wir eine kurze Übersicht über die verschiedenen Menüs.

 Zum Auswählen und Bewegen von Objekten, u. a. m.

 Zum Zeichnen von Punkten, Schnittpunkten, u. a. m.

 Zum Zeichnen von Geraden, Strahlen, Strecken, u. a. m.

 Zur Konstruktion von Loten, Parallelen, Winkelhalbierenden, u. a. m.

© Springer Fachmedien Wiesbaden GmbH, ein Teil von Springer Nature 2019
M. Barot, *Einführung in die hyperbolische Geometrie*,
https://doi.org/10.1007/978-3-658-25813-9 3

⊙   Zum Zeichnen von Kreisen und Kreisbögen, u. a. m.

∢   Zum Messen von Winkeln, Distanzen, u. a. m.

⟍   Zum Spiegeln, Rotieren von Objekten, u. a. m.

⊕   Zum Zoomen, Objekte unsichtbar machen oder löschen, u. a. m.

In einem CGS benutzt man natürlich die euklidsche Geometrie. Wir lassen in den ersten Aufgaben den Präfix e weg.

Aufgabe 3.1   Konstruktion des Höhenschnittpunktes.

(a)   Setze vier Punkte. Wie werden diese Punkte automatisch benannt?

(b)   Benutze den Radiergummi (der Befehl ⟋ findet sich im Menu ⊕) und lösche den vierten Punkt D.

(c)   Mit Ctrl−Z kann ein versehentliches Löschen rückgängig gemacht werden. Probiere dies aus. Lösche aber schlussendlich den Punkt D.

(d)   Verbinde die drei Punkte mit Geraden in einer geeigneten Reihenfolge (beachte: die erste gezeichnete Gerade wird als a bezeichnet, die nächste mit b, u.s.w.).

(e)   Aktiviere das Auswahlmenü (mit dem Pfeil ganz links) und ziehe dann an den Punkten. Bemerke, was mit den Geraden passiert.

(f)   Konstruiere den Höhenschnittpunkt und nenne ihn H (bei aktiviertem Auswahlmenü auf H doppelklicken).

(g)   Lösche den Punkt C. Welche Objekte sind verschwunden?

Aufgabe 3.2   Konstruktion des Höhenschnittpunkts eines Dreiecks mit einer beweglichen Ecke auf festem Umkreis.

(a)   Setze erneut einen neuen Punkt (dieser sollte nach Aufgabe 3.1 automatisch den Namen C erhalten).

(b)   Konstruiere nun den Umkreis des Dreiecks ABC als Kreis durch die drei Punkte.

(c)   Setze einen Punkt D auf den Umkreis (neuer Punkt auf Umkreis setzen). Verschiebe D. Was stellst Du fest?

(d)   Nenne diesen letzten Punkt C. Wie heißt nun jener Punkt, der zuvor C hieß? Was ist der Unterschied in der Beweglichkeit zwischen den Punkten C und A.

(e)   Konstruiere erneut den Höhenschnittpunkt H des Dreiecks ABC.

(f)   Konstruiere nun den geometrischen Ort (auf englisch *locus*) aller Höhenschnittpunkte H, wenn C sich frei auf dem festen Umkreis bewegt.

Dies erreicht man mit dem Befehl ⚔ vom Menu ⬆. Beschreibe diesen geometrischen Ort in Worten.

In der letzten Aufgabe soll ein Werkzeug erstellt werden, d. h. eine eigene Konstruktion zu vorgegebener Eingabe. Die Konstruktion erfolgt natürlich in der euklidschen Ebene, aber wir interpretieren die obere **e**-Halbebene zu einer gegebenen **e**-Geraden ω als **h**-Ebene.

Aufgabe 3.3 Nun soll ein Werkzeug erstellt werden, das die **e**-Konstruktion der **h**-Geraden durch zwei **h**-Punkte „automatisiert".

(a) Öffne ein neues Dokument und lege darin eine etwa horizontale Gerade durch zwei Punkte. Die Punkte sollen X_1, X_2 heißen. Dies kann durch Umbenennen auf X_1 bzw. X_2 erreicht werden. Nenne die Gerade ω. Die griechischen Buchstaben erhält man durch ein Klick in die kleine Box $\boxed{\alpha}$ im Eingabefenster rechts.

(b) Blende die zwei Punkte X_1 und X_2 aus mit dem Befehl ⊙ vom Menu ✛. Alternativ kann dies auch mit einem Klick auf den kleinen grauen Kreis links vom Objekt in der Liste links bewerkstelligt werden.

(c) Setze nun zwei **h**-Punkte A, B (also zwei **e**-Punkte in die obere **e**-Halbebene) und konstruiere die **h**-Gerade c (als **e**-Kreis) durch A und B im Fall, dass die **e**-Gerade AB nicht senkrecht auf ω steht.

(d) Wähle nun aus dem Menü Werkzeuge den Befehl Neues Werkzeug erstellen... Es erscheint ein Dialogfenster. Fülle diese nach und nach mit folgenden Angaben:

Ausgabe: c
Eingabe: A, B, ω
Name: hGerade
Hilfe: Wähle zwei h-Punkte, dann omega

Dazu müssen die Eingabeobjekte X_1, X_2 zuerst gelöscht werden und danach ω eingefügt werden.

(e) War die Erstellung erfolgreich, so erscheint ein neues Symbol ⚒. Lösche nun die Konstruktion.

(f) Benutze das neue Werkzeug hGerade und konstruiere damit ein **h**-Dreieck.

4. Die h-Reflexion

Bisher scheint eine ganz wichtige Angabe in der BELTRAMI-POINCARÉ-Halbebene zu fehlen, nämlich wie man die **h**-Distanz misst. Diese Angabe ist jedoch gar nicht notwendig, um **h**-Konstruktion auszuführen. Man denke nur an die bekannten **e**-Konstruktionen: da braucht man kein **e**-Messband, sondern einen **e**-Zirkel. Was wir also benötigen, ist ein **h**-Zirkel.

Diesen werden wir uns über einen Umweg über die **h**-Reflexion beschaffen.

4.1. Eigenschaften, die eine h-Reflexion haben sollte

Gegeben ist eine **h**-Gerade g.

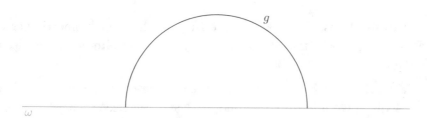

In Analogie mit der **e**-Reflexion kann man von der **h**-Reflexion in g folgende Eigenschaften fordern. Dazu bezeichnet man mit A' den **h**-Spiegelpunkt vom **h**-Punkt A bei der **h**-Spiegelung an g.

1. Die **h**-Spiegelung vertauscht die beiden Seiten der **h**-Geraden, also das **e**-Innere des **e**-Halbkreises mit dem **e**-Äußeren.

2. Die **h**-Punkte auf g bleiben fest: es gilt $A' = A$ falls A auf g liegt.

3. Ist h eine **h**-Gerade, so ist h' auch wieder eine **h**-Gerade.

4. Die **h**-Spiegelung ändert die Schnittwinkel nicht: Sind A, B und C drei **h**-Punkte, so gilt $\sphericalangle_\mathbf{h} ABC = \sphericalangle_\mathbf{h} A'B'C'$.

5. Spiegelt man zweimal hintereinander an g, so ist das Resultat die Identität: für jeden **h**-Punkt P gilt $Q' = P$ falls $Q = P'$, das heißt $P'' = P$.

© Springer Fachmedien Wiesbaden GmbH, ein Teil von Springer Nature 2019
M. Barot, *Einführung in die hyperbolische Geometrie*,
https://doi.org/10.1007/978-3-658-25813-9 4

Aufgabe 4.1 Folgere aus diesen Eigenschaften, dass $h' = h$ gilt, falls h eine **h**-Gerade ist, die g **h**-senkrecht schneidet.

4.2.   Indirekte Bestimmung des Bildes eines h-Punktes

Gegeben ist nun auch ein **h**-Punkt P. Gesucht ist der Bildpunkt P'.

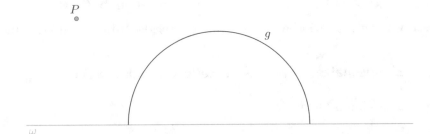

Nach Aufgabe 4.1 ist die **h**-Senkrechte zu g durch P ein geometrischer Ort für P'. Die folgende Überlegung zeigt, wie man einen weiteren geometrischen Ort erhält.

Sei A ein beliebiger **h**-Punkt von g. Nach Eigenschaft 2 gilt $A' = A$. Sei $a = PA$ die **h**-Gerade durch A und P. Nach Eigenschaft 3 ist a' wieder eine **h**-Gerade. Außerdem verläuft sie durch $A' = A$. Für die Schnittwinkel zwischen diesen **h**-Geraden gilt $\sphericalangle_{\mathbf{h}}(g, a) = \sphericalangle_{\mathbf{h}}(a', g)$, da $g' = g$. Die Bildgerade a' ist daher **e**-konstruierbar.

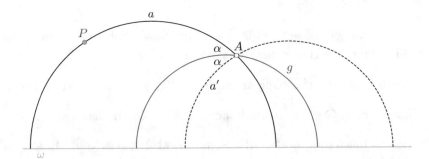

Leider ist die **h**-Senkrechte zu g durch P gar nicht so einfach zu **e**-konstruieren. Anstatt dessen wiederholt man obige Idee einfach mit einem zweiten **h**-Punkt B von g:

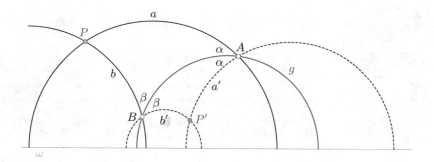

Der **h**-Schnittpunkt von a' und b' ist der gesuchte **h**-Punkt P'.

Eine Untersuchung mit einem CGS zeigt Folgendes:

- Bezeichnet man mit M das **e**-Zentrum M von g , so liegt P' auf der **e**-Geraden PM.

- Die **e**-Abstände zwischen diesen drei Punkten erfüllen

$$|PM|_{\mathbf{e}} \cdot |P'M|_{\mathbf{e}} = r^2,$$

wobei r der **e**-Radius von g ist, also $r = |MA|_{\mathbf{e}}$.

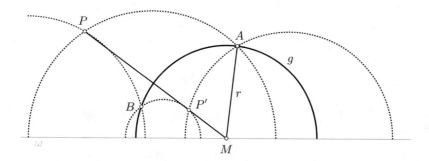

Diese Abbildung war den Mathematikern schon vorher bekannt. Sie wird *Kreisinversion* genannt. APOLLONIUS VON TYANA (ca. 40–120) benutzte sie schon. Wiederverwendet wurde sie 1820 vom Schweizer JAKOB STEINER (1796–1863) und 1831 vom Deutschen JULIUS PLÜCKER (1801–1868). AUGUST FERDINAND MÖBIUS (1790–1868) beschrieb 1855 die Kreisinversion als Abbildung der komplexen Ebene.

Von links nach rechts: APOLLONIUS, JAKOB STEINER, JULIUS PLÜCKER und
AUGUST FERDINAND MÖBIUS[4].

Aufgabe 4.2 Benutze die genannten Eigenschaften der **e**-Kreisinversion und gib
eine einfachere **e**-Konstruktion um einen **e**-Punkt an einem **e**-Kreis g zu **e**-
invertieren. Diese sollte immer zum Ziel führen, egal ob P außerhalb oder
innerhalb des **e**-Kreises liegt.

In GeoGebra gibt es für die Kreisinversion einen eigenen Befehl, nämlich
aus dem Menu .

---

[4]Quellen:http://www-history.mcs.st-andrews.ac.uk/PictDisplay/Apollonius.html,
https://de.wikipedia.org/wiki/Jakob_Steiner#/media/File:JakobSteiner.jpg,
https://de.wikipedia.org/wiki/Julius_Plücker#/media/File:Julius_Plücker_1856.jpg,
https://en.wikipedia.org/wiki/August_Ferdinand_Möbius#/media/File:August_Ferdinand_Möbius.jpg

5. Eigenschaften der e-Inversion

Wir haben im vorangehenden Kapitel gesehen, dass die **h**-Reflexion der sog. **e**-Kreisinversion entspricht. In diesem Kapitel sollen wichtige Eigenschaften der **e**-Kreisinversion erkundet werden, damit ein Gefühl für diese „Spiegelung an einem Kreis" entstehen kann.

Ziel der folgenden Aufgaben ist es, präzise Vermutungen über die Bilder von Geraden und Kreisen bei einer **e**-Inverson zu formulieren.

5.1. Abstand zum Inversionszentrum

Sei k ein Kreis mit Zentrum M und Radius r. Wird P an k invertiert, so entseht der Bildpunkt P', der

$$|PM|_{\mathbf{e}} \cdot |P'M|_{\mathbf{e}} = r^2$$

erfüllt.

Aufgabe 5.1 Sei $r = 4\,$cm. Bestimme $|MP'|_{\mathbf{e}}$ falls $|MP|_{\mathbf{e}}$ wie folgt gegeben ist: **(a)** $|MP|_{\mathbf{e}} = 2\,$cm, **(b)** $|MP|_{\mathbf{e}} = 3.9\,$cm, **(c)** $|MP|_{\mathbf{e}} = 5\,$cm, **(d)** $|MP|_{\mathbf{e}} = 100\,$m $= 10\,000\,$cm, **(e)** $|MP|_{\mathbf{e}} = 1\,\mu$m $= 10^{-4}\,$cm,

5.2. Bilder von Geraden

Seien M und P zwei **e**-Punkte und k der **e**-Kreis mit Zentrum M und Peripheriepunkt P. An k soll **e**-invertiert werden. Einzelne **e**-Punkte kann man mit dem Befehl ⬚ des Menus ⬚ an k **e**-invertieren.

Aufgabe 5.2 Das Bild einer Geraden.

(a) Konstruiere die Situation, die in der folgenden Figur abgebildet ist. Dabei ist k der Kreis um M durch P und g eine Gerade durch Q und R. Der Punkt A soll frei beweglich auf g sein und A' die Inversion von A an k.

(b) Konstruiere sodann die Ortslinie von A' bzgl. A mit dem Befehl ⬚ des Menus ⬚. Die Ortslinie zeigt das Bild g' der Geraden g unter der Inversion an k.

© Springer Fachmedien Wiesbaden GmbH, ein Teil von Springer Nature 2019
M. Barot, *Einführung in die hyperbolische Geometrie*,
https://doi.org/10.1007/978-3-658-25813-9_5

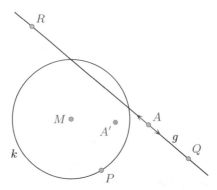

Nun können Q und R verschoben werden. Benutze dies, um möglichst
präzise Vermutungen aufzustellen:

- Was ist das Bild g' einer Geraden g, die nicht durch M verläuft?
- Was ist das Bild g' einer Geraden g, die durch M verläuft?

5.3. Bilder von Kreisen

Aufgabe 5.3 Verfahre ähnlich, um die Bilder von **e**-Kreisen unter der **e**-Inversion
zu beschreiben. Formuliere wieder präzise Vermutungen:

- Was ist das Bild c' eines Kreises c, der nicht durch M verläuft?
- Was ist das Bild c' eines Kreises c, der durch M verläuft?

Beweise dieser Vermutungen können im Abschnitt 16.1 eingesehen werden. Die folgenden Aufgaben verlangen eine intuitive Vorstellung der **e**-
Kreisinversion.

Aufgabe 5.4 In den folgenden Bildern ist c' das Bild des Kreises c unter der
Kreisinversion an k. Die drei Kreise zerlegen die Ebene in 6 Gebiete.

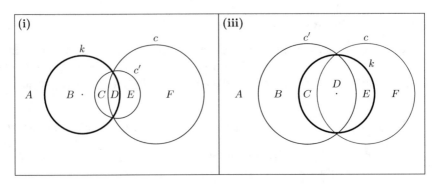

(a)   Welche Gebiete werden bei der Inversion auf welche abgebildet?

(b)   Das Innere von c besteht aus den Teilen D, E und F. Was ist das Bild des Inneren von c? Ist es das Innere oder Äußere von c'?

(c)   Man stelle sich vor, dass der Kreis c beim Übergang von (i) nach (iii) langsam nach links über das Zentrum von k geschoben wurde. Betrachte dann die interessante Zwischensituation, in der c durch das Zentrum von k verläuft, siehe Figur (ii). Betrachte auch eine spätere Situation, bei der c und k beinahe konzentrisch sind, siehe Figur (iv). Welches ist das Bild des Inneren von c in diesen Situationen?

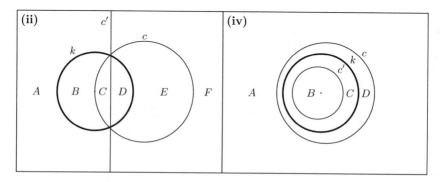

Aufgabe 5.5   Die folgende Figur zeigt 20 Bilder. In jedem der Bilder ist ein grauer Bereich, sowie ein Kreis markiert. Invertiert man den grauen Bereich am Kreis, so erhält man wieder eines der Bilder. Finde die Paare, die zusammenpassen. Aber aufgepasst: Gewisse Bilder stellen Bereiche dar, die auf sich selbst abgebildet werden bei der Kreisinversion. Beachte: Berührt der graue Bereich die Umgrenzung, so soll dieser als ins Unendliche fortgesetzt gedacht werden. So stellt zum Beispiel der graue Bereich in E die ganze Ebene bis auf den weiß eingezeichneten Bereich dar.

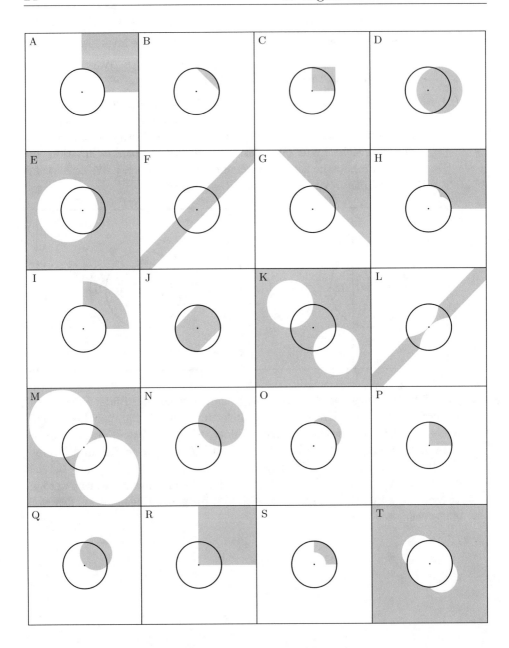

5.4.   Die Winkeltreue

Damit die Kreisinversion für die hyperbolische Geometrie nützlich ist, muss sie die Eigenschaft 4 aus Abschnitt 4.1 erfüllen, dass nämlich die **h**-Schnitt-winkel zwischen **h**-Geraden erhalten bleiben. Übersetzt in die euklidsche

Geometrie bedeutet dies: Die Schnittwinkel zwischen zwei Kreisen c und d (oder Geraden) und deren Bildkreisen (oder -geraden) c' und d' bei der Inversion an einem Kreis k muss gleich sein.

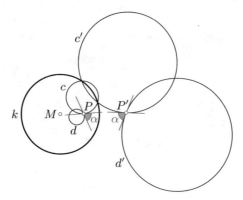

Dies ist tatsächlich der Fall, wie man sich einerseits durch Ausprobieren mit dem CGS oder noch besser durch Nachlesen des Beweises in Abschnitt 16.4 überzeugen kann.

6. Anwendungen der h-Reflexion

Die Kenntnisse über die **e**-Inversion sollen nun angewandt werden auf die hyperbolische Geometrie. Wir gehen also davon aus, dass bei einer **h**-Spiegelung der **h**-Abstand zwischen zwei Punkten P, Q dieselbe ist, wie zwischen den Bildpunkten P', Q':

$$|P'Q'|_{\mathbf{h}} = |PQ|_{\mathbf{h}}.$$

Wir betrachten dazu erst die folgende Situation: Seien g_1 und g_2 zwei **h**-Geraden, die **e**-Halbkreise sind mit demselben **e**-Zentrum M.

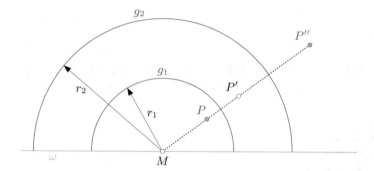

Sei P' der **h**-Spiegelpunkt von P an g_1, weiter sei P'' der **h**-Spiegelpunkt von P' an g_2.

Es gilt

$$|P'M|_{\mathbf{e}} = \frac{r_1^2}{|PM|_{\mathbf{e}}} \quad \text{und} \quad |P''M|_{\mathbf{e}} = \frac{r_2^2}{|P'M|_{\mathbf{e}}}.$$

Setzen wir die erste in die zweite Gleichung ein, so erhalten wir

$$|P''M|_{\mathbf{e}} = \frac{r_2^2}{\frac{r_1^2}{|PM|_{\mathbf{e}}}} = \frac{r_2^2}{r_1^2}|PM|_{\mathbf{e}}.$$

Dies zeigt, dass die Verknüpfung der beiden **h**-Spiegelungen eine **e**-Streckung ist mit **e**-Streckungszentrum M und **e**-Streckungsfaktor $\frac{r_2^2}{r_1^2}$. Dies bedeutet, dass **e**-Streckungen mit **e**-Streckungszentrum auf ω hyperbolisch eine Bewegung ist, welche die **h**-Distanzen nicht verändert.

Aufgabe 6.1 Sei g eine **h**-Gerade. Welche Vermutung kannst Du über die **h**-Reflexion an g aufstellen, falls g eine **e**-Halbgerade ist?

© Springer Fachmedien Wiesbaden GmbH, ein Teil von Springer Nature 2019
M. Barot, *Einführung in die hyperbolische Geometrie*,
https://doi.org/10.1007/978-3-658-25813-9_6

Aufgabe 6.2 Verwende die Kenntnisse, die Du über die **e**-Inversion gewonnen
hast, um zu zeigen, dass in der untenstehenden Figur $|AP|_{\mathbf{h}} = |AQ|_{\mathbf{h}}$ gilt.

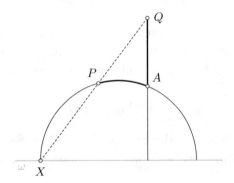

Aufgabe 6.3 Schreibe ein Werkzeug, das einen **h**-Punkt A an einem anderen
h-Punkt B **h**-spiegelt. Benutze dazu die Aufgabe 6.2.

Das Werkzeug soll folgendes Format haben:

Ausgabe: A'
Eingabe: A, B, ω
Name: hSpiegelp
Hilfe: Wähle zwei h-Punkte, dann omega

Aufgabe 6.4 Schreibe ein Werkzeug, das den **h**-Mittelpunkt M einer **h**-Strecke
AB konstruiert. Benutze dazu die Aufgabe 6.2.

Das Werkzeug soll folgendes Format haben:

Ausgabe: M
Eingabe: A, B, ω
Name: hMittelp
Hilfe: Wähle zwei h-Punkte, dann omega

Aufgabe 6.5 Betrachte folgende Skizze. Ausgangspunkt sind zwei **h**-Geraden f
und g, die **e**-Halbgeraden sind und zwei Punkte P_0, P_1 auf f und ein Punkt
Q_0 auf g.

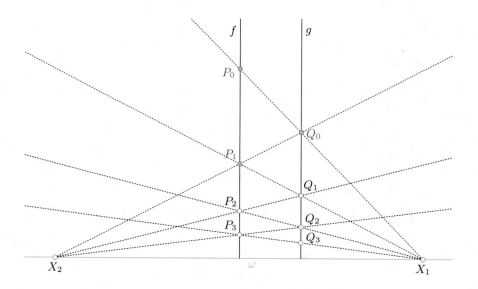

Welche **h**-Strecken sind gleich **h**-lang wie P_0P_1?

Aufgabe 6.6   Das 2. euklidschen Axiom besagt:

Dass man eine begrenzte gerade Linie zusammenhängend gerade verlängern kann.

Was kannst Du über die Gültigkeit dieses Axioms im hyperbolischen Modell aussagen?

7. h-Grundkonstruktionen

Mit der **h**-Reflexion haben wir nun genügend Übung, um neue Werkzeuge für drei **h**-Grundkonstruktionen zu erstellen. Dies ist das Ziel der folgenden Aufgaben.

Dabei soll ein Dokument im CGS erstellt werden, das nebst `hGerade`, `hSpiegelp` und `hMittelp` zunehmend mehr Werkzeuge enthält.

Für die ersten zwei Werkzeuge ist folgende Figur hilfreich:

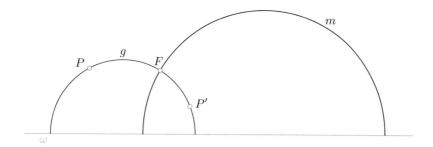

Einmal ist P und m gegeben und die Senkrechte $g = PP'$ gesucht, das andere Mal ist P und P' gegeben und m gesucht.

7.1. Die h-Senkrechte

Aufgabe 7.1 Konstruiere eine **h**-Senkrechte g zu einer gegebenen **h**-Geraden m durch einen gegebenen **h**-Punkt P.

Erstelle sodann ein Werkzeug `hLot`

Ausgabe: g
Eingabe: P, m, ω
Name: `hLot`
Hilfe: `Wähle einen h-Punkt, dann eine h-Gerade, dann omega`

© Springer Fachmedien Wiesbaden GmbH, ein Teil von Springer Nature 2019
M. Barot, *Einführung in die hyperbolische Geometrie*,
https://doi.org/10.1007/978-3-658-25813-9_7

Aufgabe 7.2 Konstruiere auch für den Spezialfall, wenn P auf m liegt, ein Werkzeug hLotInzidenz. Nützlich ist dabei der Befehl Tangenten .

Ausgabe: g
Eingabe: P, m, ω
Name: hLotInzidenz
Hilfe: Wähle einen h-Punkt, dann eine h-Gerade, dann omega

7.2.   Die h-Mittelsenkrechte

Aufgabe 7.3 Nun sind zwei h-Punkte P und P' gegeben. Gesucht ist die h-Mittelsenkrechte. Beachte: m ist jene h-Gerade, welche P in P' h-spiegelt.

Führe die Konstruktion aus.

Erstelle danach ein neues Werkzeug hMittelsenkrechte.

Ausgabe: m
Eingabe: P, P', ω
Name: hMittelsenkrechte
Hilfe: Wähle zwei h-Punkte, dann omega

7.3.   Die h-Winkelhalbierende

Aufgabe 7.4 Starte mit drei h-Punkten A, B und C. Konstruiere sodann die h-Winkelhalbierende $w_{\mathbf{h}}$ des h-Winkels $\sphericalangle_{\mathbf{h}} ABC$. Folge dabei der Idee, die in der Figur unten dargestellt ist (die e-Gerade $w_{\mathbf{e}}$ ist die e-Winkelhalbierende von $\sphericalangle_{e} A'BC'$).

Erstelle dann ein neues Werkzeug hWinkelhalbierende.

Ausgabe: $w_{\mathbf{h}}$
Eingabe: A, B, C, ω
Name: hWinkelhalbierende
Hilfe: Wähle drei h-Punkte, dann omega

Lösche danach die h-Punkte A, B und C und speichere die Datei mit allen Werkzeugen ab.

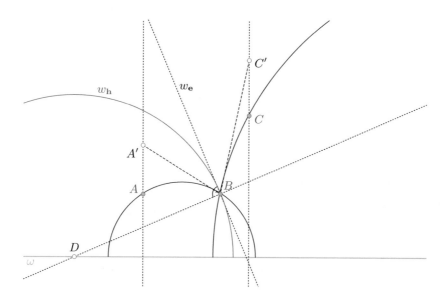

In der euklidschen Geometrie gibt es in einem **e**-Dreieck vier besonde-re **e**-Punkte: den **e**-Umkreismittelpunkt, den **e**-Inkreismittelpunkt, den **e**-Höhenschnittpunkt und den **e**-Schwerpunkt jeweils als **e**-Schnittpunkt der drei **e**-Mittelsenkrechten, bzw. der drei **e**-Winkelhalbierenden, bzw. der drei **e**-Höhen, bzw. der drei **e**-Schwerlinien. Die folgenden Aufgaben dienen dazu herauszufinden, ob es diese besonderen **e**-Punkte auch in der hyperbolischen Welt gibt.

Aufgabe 7.5 Konstruiere die drei **h**-Mittelsenkrechten m_a, m_b und m_c. Schnei-den sich diese in einem **h**-Punkt?

Aufgabe 7.6 Konstruiere die drei **h**-Winkelhalbierenden w_α, w_β und w_γ. Schnei-den sich diese in einem **h**-Punkt?

Aufgabe 7.7 Konstruiere die drei **h**-Höhen h_a, h_b und h_c. Schneiden sich diese in einem **h**-Punkt?

Aufgabe 7.8 Konstruiere die drei **h**-Seitenhalbierenden s_a, s_b und s_c. Schneiden sich diese in einem **h**-Punkt?

8. Geometrische Örter

Nun sollen diese Werkzeuge eingesetzt werden, um herauszufinden, wie gewisse geometrische Örter beschaffen sind. Wir werden drei solcher Örter bestimmen: Als Erstes den **h**-Kreis als Menge aller **h**-Punkte, die denselben **h**-Abstand haben von einem gegebenen **h**-Punkt. Als Zweites die Menge aller **h**-Punkte, die denselben **h**-Abstand haben von einer gegebenen **h**-Geraden und als Drittes die Menge aller **h**-Punkte, von denen man eine gegebene **h**-Strecke unter einem **h**-Winkel von 90° sieht.

8.1. Der h-Kreis

Gegeben seien zwei **h**-Punkte M und P. Gesucht ist der geometrische Ort aller **h**-Punkte, die denselben **h**-Abstand von M haben wie P. Legen wir durch M eine beliebige Gerade $g = MN$ und spiegeln P daran, so erhalten wir den **h**-Spiegelpunkt P', der den gleichen **h**-Abstand von M hat, wie P.

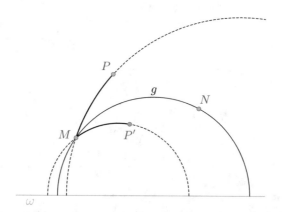

Dreht man nun g um M so erhält man sehr viele Punkte des **h**-Kreises mit Zentrum M, der P enthält.

Aufgabe 8.1 Konstruiere einen kleinen e-Kreis k mit e-Zentrum M. Dieser soll so klein sein, dass er vollständig in die **h**-Ebene passt. Definiere nun den Punkt N um, damit er ein Punkt des e-Kreises k ist. Dies geschieht mit dem Befehl Punkt anhängen / loslösen ✎.

© Springer Fachmedien Wiesbaden GmbH, ein Teil von Springer Nature 2019
M. Barot, *Einführung in die hyperbolische Geometrie*,
https://doi.org/10.1007/978-3-658-25813-9_8

Nun kann die Ortskurve von P' in Abhängigkeit von N konstruiert werden. Der kleine e-Kreis k dient nur dazu, dass sich die Gerade sicher ganz um M dreht.

Ein **h**-Kreis hat eine spezielle Form als **e**-Objekt. Welche Vermutung ergibt sich beim Betrachten der Ortskurve über die **e**-Gestalt eines **h**-Kreises?

8.2.   Die h-Abstandslinie

Gegeben ist nun eine **h**-Gerade f und ein **h**-Punkt P nicht auf f. Gesucht ist der geometrische Ort aller **h**-Punkte, die denselben **h**-Abstand haben von f wie P und auf derselben Seite von f liegen wie P. Wie wir sehen werden, ist dieser geometrische Ort keine **h**-Gerade und wir nennen ihn daher **h**-Abstandslinie.

Einen **h**-Punkt P' dieses geometrischen Ortes erhält man durch **h**-spiegeln an einer **h**-Senkrechten g zu f in einem **h**-Punkt N von f.

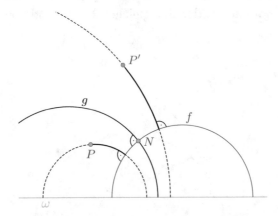

Aufgabe 8.2   Führe die Konstruktion durch und bestimme so die Ortslinie des Punktes P' bezüglich N.

Auch die **h**-Abstandslinie hat eine spezielle Form als **e**-Objekt. Welche Vermutung kannst du diesbezüglich aufstellen?

Aufgabe 8.3   Welche euklidsche Form hat eine **h**-Abstandslinie zu einer **h**-Geraden, die **e**-Halbgerade ist?

8.3. Die h-Thalespflaume

Gegeben ist nun eine **h**-Strecke AB. Gesucht ist der geometrische Ort aller **h**-Punkte C, die mit AB einen rechten **h**-Winkel einschließen, d. h. für die $\sphericalangle_{\mathbf{h}} ACB = 90°$ gilt.

Einen ersten **h**-Punkt C dieses geometrischen Orts kann man wie folgt erhalten: Durch B legt man eine beliebige **h**-Gerade $g = BN$ und fällt darauf das **h**-Lot l von A aus.

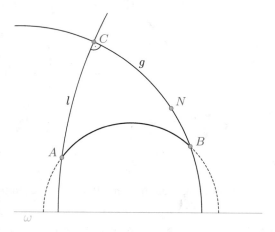

Aufgabe 8.4 Führe diese Konstruktion durch. Definiere sodann N um zu einem **h**-Punkt auf einem kleinen **e**-Kreis k mit **e**-Zentrum B. Dann kann der geometrische Ort mit dem Befehl `Ortskurve` bestimmt werden.

Jedoch wird es so sein, dass man nur einen Teil des geometrischen Orts so erhält. Die Ursache ist die, dass wir zur Darstellung im CGS die **h**-Geraden durch **e**-Kreise repräsentieren. Als solche haben l und g *zwei* Schnittpunkte. Bewege daher N auf k so, dass der zweite Schnittpunkt C' sichtbar wird und konstruiere auch von diesem die Ortskurve.

Ist dieser geometrische Ort ein **h**-Kreis?

8.4. Werkzeuge

Dass die Vermutungen, ein **h**-Kreis sei auch immer ein **e**-Kreis und eine **h**-Abstandlinie immer ein **e**-Kreisbogen, richtig sind, wird im Abschnitt 16.3 gezeigt. Wir fahren hier fort und sehen von nun an beides als gesicherte Tatsachen an.

Aufgabe 8.5 Setze zwei **h**-Punkte M und P in die **h**-Ebene und konstruiere den **h**-Kreis mit **h**-Zentrum M durch P. Die folgende Figur skizziert die Konstruktion.

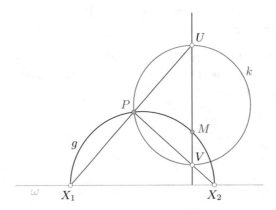

Erstelle ein Werkzeug `hKreis`.

Ausgabe: k
Eingabe: M, P, ω
Name: hKreis
Hilfe: Wähle das hZentrum, dann ein hPunkt, dann omega.

Beachte, dass dies bedeutet, dass das 3. Axiom von EUKLID erfüllt ist.

Aufgabe 8.6 Sei g eine **h**-Gerade (gegeben als **e**-Kreis) und P ein **h**-Punkt außerhalb g. Konstruiere die **h**-Abstandslinie a zu g durch P.

Erstelle sodann ein neues Werkzeug `hAbstandslinie`.

Ausgabe: a
Eingabe: P, g, ω
Name: hAbstandslinie
Hilfe: Wähle erst einen hPunkt, dann eine hGerade, dann omega

8.5. Anwendungen

Aufgabe 8.7 Konstruiere über einer gegeben **h**-Strecke AB ein **h**-gleichseitiges **h**-Dreieck ABC.

Eine weitere Anwendung ist die Konstruktion von **h**-Tangenten. Die übliche euklidsche Konstruktion mit dem **e**-Thaleskreis ist leider in der hyperbolischen Geometrie nicht realisierbar, da die **h**-Thalespflaume kein **h**-Kreis ist.

Es gibt jedoch eine einfache Alternative. Wir führen sie zuerst in der euklidschen Geometrie vor. Die Aufgabe besteht danach darin diese in die hyperbolische Geometrie zu übersetzen.

Gegeben sind also ein **e**-Kreis k mit **e**-Zentrum M, sowie ein **e**-Punkt P außerhalb k. Gesucht sind **e**-Tangenten t_1, t_2 von P an k. Dazu wählt man eine beliebige **e**-Tangente t' in einem beliebigen **e**-Punkt B' von k. Seien G_1, G_2 die **e**-Schnittpunkte von t' mit dem **e**-Kreis um M durch P.

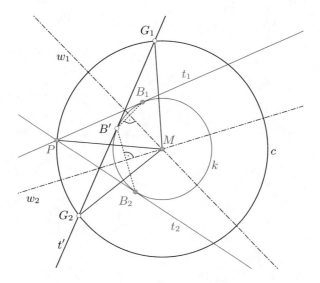

Schließlich **e**-spiegelt man B' an den **e**-Winkelhalbierenden der **e**-Winkel $\sphericalangle_{\mathbf{e}} PMG_1$ bzw. $\sphericalangle_{\mathbf{e}} PMG_2$ um die **e**-Berührpunkte B_1 und B_2 zu erhalten. Die **e**-Tangenten sind dann $t_1 = PB_1$ und $t_2 = PB_2$.

Aufgabe 8.8 Übertrage die Konstruktion in die hyperbolische Geometrie.

9. Der Horozykel

Wir haben gesehen, dass ein **e**-Kreis, der vollständig in der **h**-Ebene liegt, ein **h**-Kreis ist. Schneidet ein **e**-Kreis die **e**-Gerade ω in zwei Punkten, so definiert der obere **e**-Kreisbogen eine **h**-Abstandslinie oder eine **h**-Gerade. Was aber definiert ein **e**-Kreis, der ω von oben berührt? Es ist weder ein **h**-Kreis noch eine **h**-Abstandslinie sondern ein neues geometrisches Objekt, das man *Horozykel* nennt.

Die folgende Abbildung zeigt wie ein **e**-Kreis die bisher diskutierten **h**-Kurven durchlaufen kann, wenn man ihn von oben nach unten über ω hinaus schiebt.

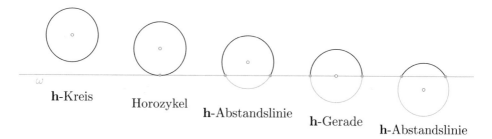

h-Kreis   Horozykel   h-Abstandslinie   h-Gerade   h-Abstandslinie

Ein **e**-Kreis, der ω von unten berührt hat gar keinen **e**-Punkt innerhalb der **h**-Ebene.

9.1. Der Horozykel als unendlich großer h-Kreis

Betrachte folgendes Gedankenexperiment: Fest sei eine **e**-Gerade g und darauf ein **e**-Punkt P. Weiter sei M ein auf g beweglicher Punkt und k der **e**-Kreis um M durch P. Nun stelle man sich vor, man lasse M ins Unendliche verschwinden.

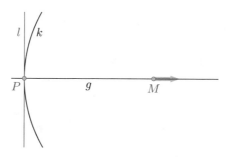

© Springer Fachmedien Wiesbaden GmbH, ein Teil von Springer Nature 2019
M. Barot, *Einführung in die hyperbolische Geometrie*,
https://doi.org/10.1007/978-3-658-25813-9 9

Der **e**-Kreis wird sich einer **e**-Geraden l annähern.

Was aber passiert in der hyperbolischen Geometrie? Folgendes Bild zeigt dies.

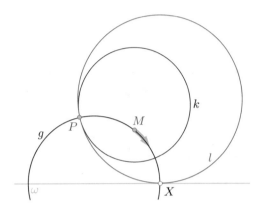

Der **h**-Kreis wird sich einem Horozykel annähern.

9.2. Der Horozykel als Grenzkurve einer h-Abstandslinie

Es gibt eine weitere Möglichkeit einen Horozykel durch einen Grenzwertprozess zu erhalten. Wiederum betrachten wir zuerst die euklidsche Situation.

Seien g eine feste **e**-Gerade und P ein fester **e**-Punkt von g. Nun betrachten wir einen variablen **e**-Punkt M auf g und die **e**-Gerade l **e**-senkrecht zu g durch g. Sei a der geometrische Ort aller **e**-Punkte, die von l denselben **e**-Abstand haben wie l. Im Euklidischen resultiert diese komplizierte Definition immer in demselben Objekt: a ist die **e**-Gerade **e**-senkrecht zu g durch P.

Aufgabe 9.1 Übersetze die eben geschilderte Situation in die hyperbolische Geometrie. Beachte: a nähert sich einem Horozykel an.

9.3. Ein spezieller Horozykel

Eine **e**-Gerade in der **h**-Ebene, die parallel zu ω verläuft ist ebenfalls ein Horozykel.

Aufgabe 9.2 Verwende einen der zwei geschilderten Zugänge, um einzusehen, dass eine **e**-parallele **e**-Gerade zu ω in der **h**-Ebene tatsächlich ein Horozykel ist. Wähle dazu g als **e**-Halbgerade.

9.4. h-Kongruenz der Horozykeln

Alle Horozyklen sind zueinander **h**-kongruent: Sind h und h' zwei Horozyklen, die beide **e**-Kreise sind, die ω von oben berühren, so lässt sich h' durch eine **e**-Streckung mit **e**-Streckungszentrum auf ω aus h gewinnen. Daher sind h' und h **h**-kongruent. Dasselbe gilt, falls h und h' **e**-Parallelen zu ω sind.

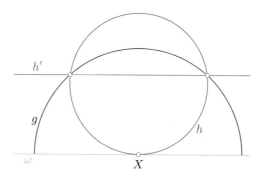

Schließlich gilt: Ist h ein **e**-Kreis, der ω in X von oben berührt und ist g eine **h**-Gerade mit **e**-Zentrum X, so ist die **h**-Spiegelung von h an g ein Horozykel h' der **e**-parallel zu ω ist.

9.5. Die Reichhaltigkeit der hyperbolischen Geometrie

In der euklidschen Geometrie gibt es **e**-Punkte, **e**-Kreise und **e**-Geraden. Die **e**-Punkte und die **e**-Geraden sind unter sich alle zueinander **e**-kongruent. Die **e**-Kreise sind parametrisiert durch den **e**-Radius. Zwei **e**-Kreise sind genau dann zueinander kongruent, wenn sie denselben **e**-Radius haben. Einen **e**-Kreis mit Radius 0 können wir als **e**-Punkt auffassen, einen mit Radius ∞ als **e**-Gerade.

In der hyperbolischen Geometrie ist das Bild reichhaltiger: es gibt **h**-Punkte (alle sind zueinander **h**-kongruent), **h**-Kreise (diese sind parametrisiert durch ihren **h**-Radius), Horozyklen (auch diese sind alle zueinander **h**-kongruent), **h**-Abstandslinien (diese sind parametrisiert durch den **h**-Abstand zur **h**-Geraden) und dann **h**-Geraden (alle sind zueinander **h**-kongruent). Wir können dies in einem Schema wie folgt zusammenfassen.

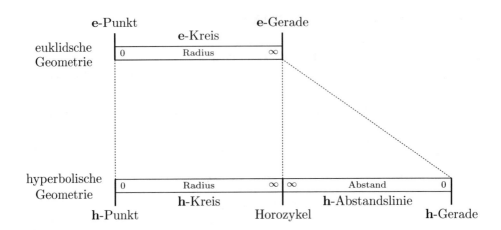

In der hyperbolischen Geometrie erfassen wir ein viel reichhaltigeres Bild: was in der euklidschen Geometrie immer eine Gerade ist, spaltet sich nun auf in eine Vielfalt nicht **h**-kongruenter Kurven.

10. Die h-Winkelsumme im h-Dreieck

10.1. Die Beobachtung

Dass es **h**-Dreiecke gibt, deren **h**-Innenwinkel zusammen weniger als 180° messen, haben wir in Aufgabe 2.3 bereits gesehen. Gibt es aber auch **h**-Dreiecke mit einer Wineklsumme $\geq 180°$? Diese Frage soll hier untersucht werden.

> **Aufgabe 10.1** Konstruiere drei **h**-Punkte A, B und C. Setze dann auf die **h**-Gerade AB' einen beweglichen **h**-Punkt B und auf die **h**-Gerade AC ebenso einen beweglichen **h**-Punkt C. Benutze dann die **e**-Tangenten in ABC um die **h**-Innenwinkel des **h**-Dreiecks ABC zu messen. Miss die Winkel mit dem Befehl Winkel ⊿.

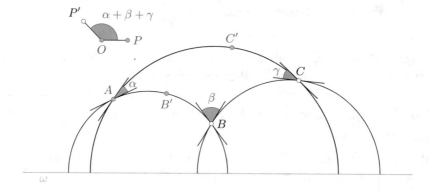

Füge noch zwei weitere Punkte O und P hinzu und benutze dann den Befehl Drehe Objekt um Punkt mit Drehwinkel und drehe damit P um O um den Winkel $\alpha + \beta + \gamma$. Klicke dazu zuerst auf das zu drehende Objekt, also P, dann auf das Drehzentrum, also O, und gib dann in das Eingabefeld $\alpha + \beta + \gamma$ ein mit Hilfe der kleinen Box ⎡α⎤ rechts. Schließlich kann dann auch dieser Winkel gemessen werden mit ⊿.

Verschiebe nun B und C. Wie hängt die **h**-Winkelsumme von der Position von B und C ab? Pass dabei aber auf, dass die Winkel immer **h**-Innenwinkel bleiben.

Die Aufgabe legt nahe, dass es nicht möglich ist, **h**-Dreiecke mit einer Winkelsumme von 180° oder mehr zu konstruieren. Dass dem tatsächlich so ist, wird in Abschnitt 16.5 bewiesen.

© Springer Fachmedien Wiesbaden GmbH, ein Teil von Springer Nature 2019
M. Barot, *Einführung in die hyperbolische Geometrie*,
https://doi.org/10.1007/978-3-658-25813-9 10

10.2. Die **h**-Winkelsumme im **h**-Polygon

Ein **h**-Viereck kann durch eine **h**-Diagonale in zwei **h**-Dreiecke unterteilt werden. Da die Summe der **h**-Winkel in jedem dieser **h**-Dreiecke kleiner als 180° ist, folgt dass die Winkelsumme im **h**-Viereck kleiner als $2 \cdot 180° = 360°$ ist. Dies ist der Angelpunkt des nächsten Abschnitts.

Aufgabe 10.2   Gegeben sei nun ein **h**-n-Eck, also ein **h**-Vieleck mit n **h**-Ecken und n **h**-Seiten. Welche **h**-Winkelsumme hat diese **h**-Figur?

10.3. Ein neuer Kongruenzsatz

In der euklidschen Geometrie sind zwei **e**-Dreiecke mit denselben **e**-Winkeln nicht unbedingt **e**-kongruent, aber immer **e**-ähnlich. In der hyperbolischen Geometrie ist dies anders. Dazu betrachten wir zwei **h**-Dreiecke ABC und $A'B'C'$, die bei A bzw. bei A' denselben **h**-Winkel haben, d. h. es gilt $\sphericalangle_{\mathbf{h}} CAB = \sphericalangle_{\mathbf{h}} C'A'B'$.

Ist $A \neq A'$ so können wir das **h**-Dreieck $A'B'C'$ an der **h**-Mittelsenkrechten der **h**-Strecke AA' in ein **h**-Dreieck $AB''C'''$ **h**-spiegeln. Anders gesagt: Wir können gleich von Beginn her annehmen, dass $A = A'$ gilt. Ebenso können wir annehmen, dass die **h**-Geraden AB und $A'B'$ übereinstimmen, ansonsten können wir das **h**-Dreieck $A'B'C'$ an der **h**-Winkelhalbierenden von $\sphericalangle_{\mathbf{h}} BAB'$ **h**-spiegeln. Da $\sphericalangle_{\mathbf{h}} CAB = \sphericalangle_{\mathbf{h}} C'A'B'$ können wir auch noch annehmen, dass die **h**-Geraden AC und $A'C'$ übereinstimmen, ansonsten könnten wir letzteres **h**-Dreieck an der **h**-Geraden AB **h**-spiegeln. Stimmen zwei **h**-Dreiecke in einem **h**-Winkel überein, so können wir also eines immer so **h**-bewegen, dass sie schließlich in einer **h**-Ecke und den anliegenden **h**-Seitengeraden übereinstimmen.

Wir erhalten somit eine der folgenden drei Situationen: (i) $BB'C'C$ bildet ein sich nicht überkreuzendes **h**-Viereck; (ii) $BB'C'C$ bildet ein sich überkreuzendes **h**-Dreieck; (iii) es gilt $B = B'$ (oder, was dazu äquivalent ist $C = C'$).

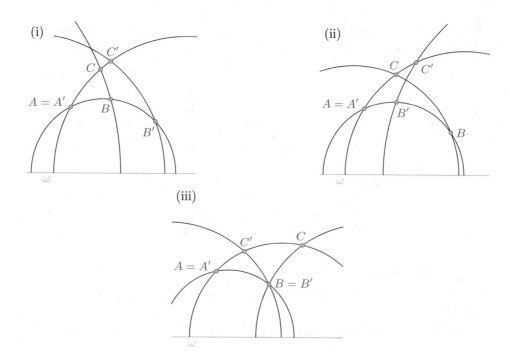

Aufgabe 10.3 Argumentiere in jedem Fall, dass es nicht möglich ist, dass $\beta = \beta'$ und $\gamma = \gamma'$ gilt, da ansonsten ein **h**-Dreieck mit einer **h**-Winkelsumme $\geq 180°$ oder ein **h**-Viereck mit einer **h**-Winkelsumme $\geq 360°$ existieren müsste, was unmöglich ist.

Daher erhalten wir nun folgenden Satz:

Satz 10.3.1. *Sind ABC und A'B'C' zwei **h**-Dreiecke mit denselben **h**-Innenwinkeln α, β und γ, so sind die beiden **h**-Dreiecke **h**-kongruent.*

10.4. h-Parkettierungen

In der Euklidschen Welt kann man nur mit drei verschiedenen Formen von regelmässigen **e**-Polygonen die **e**-Ebene *parkettieren*, d.h. dass die **e**-Ebene vollständig und ohne Überlappungen abgedeckt wird. Dies sind das gleichseitige **e**-Dreieck, das **e**-Quadrat und das regelmäßige **e**-Sechseck. Jedoch kann man die Größe dieser **e**-Polygone frei wählen. In der hyperbolischen Welt ist dies anders. Wir nennen regelmäßige Polygone, die die Ebene überdecken, kurz *Kacheln*. Verbindet man das Zentrum einer Kachel mit den Ecken und Seitenmitten, so wird diese in rechtwinklige Dreiecke unterteilt.

Aufgabe 10.4   Folgende Skizze zeigt, wie man ein rechtwinkliges **h**-Dreieck mit den **h**-Winkeln α und β **e**-konstruieren kann.

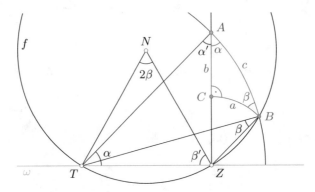

    (a)   Schaue Dir die Skizze genau an. Wie verläuft die Konstruktion?

    (b)   Konstruiere ein solches **h**-Dreieck mit $\alpha = 45°$ und $\beta = 30°$.

Es gibt eine unendliche Anzahl von **h**-Kacheln. Maßgebend sind dabei zwei Zahlen:

$$n = \text{ die Anzahl Seiten der \textbf{h}-Kachel,}$$
$$m = \text{ die Anzahl \textbf{h}-Kacheln, die an einer Ecke zusammenstoßen.}$$

Hat man n und m festgelegt, so sind die Winkel α und β (analog wie in Aufgabe 10.4) wie folgt bestimmt:

$$\alpha = \frac{360°}{2n} = \frac{180°}{n} \quad \text{und} \quad \beta = \frac{360°}{2m} = \frac{180°}{m}$$

Da das Dreieck ABC eine Winkelsumme $< 180°$ haben muss, gilt

$$\frac{180°}{n} + \frac{180°}{m} + 90° < 180° \qquad\qquad \Big| \div 180°$$

$$\frac{1}{n} + \frac{1}{m} + \frac{1}{2} < 1 \qquad\qquad\qquad \Big| - \frac{1}{2}$$

$$\frac{1}{n} + \frac{1}{m} < \frac{1}{2}. \tag{1}$$

Aufgabe 10.5   **(a)**   Sei $n = 3$. Wie groß muss m mindestens sein, damit die Ungleichung (1) erfüllt ist?

    (b)   Bestimme diese Schranke auch für $n = 4, 5, 6$.

Auf dieser und der folgenden Seite sind einige **h**-Parkettierungen abgebildet.

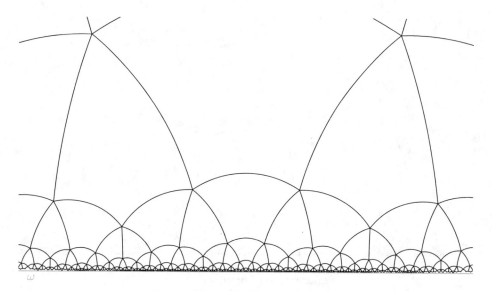

Parkettierung mit $n = 4$, $m = 5$

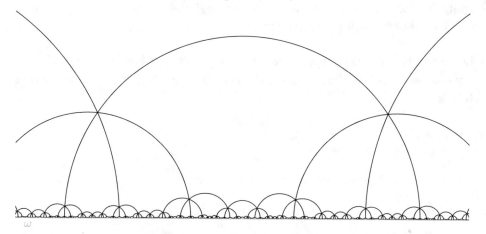

Parkettierung mit $n = 6$, $m = 6$

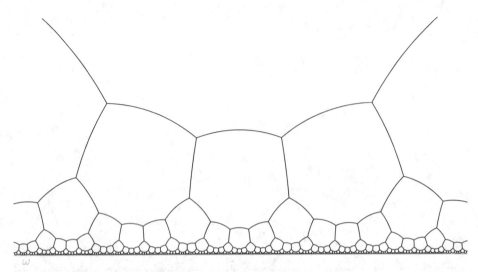

Parkettierung mit $n = 8$, $m = 3$

Aufgabe 10.6   Konstruiere einen Teil der **h**-Parkettierung, welche aus der **h**-Kachel der Aufgabe 10.4 hervorgeht.

h-Verbindet man die Zentren zweier benachbarten **h**-Kacheln einer Parkettierung, so schneidet die **h**-Gerade die gemeinesame **h**-Seite in einem rechten **h**-Winkel.

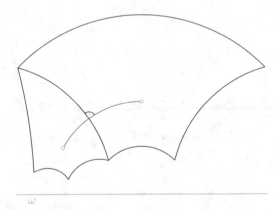

Tut man dies bei allen **h**-Kacheln einer **h**-Parkettierung, so erhält man eine neue **h**-Parkettierung, welche man die *duale Parkettierung* nennt.

Aufgabe 10.7   Die ursprügliche Parkettierung sei durch die Parameter n (Anzahl Seiten einer **h**-Kachel) und m (Anzahl **h**-Kacheln, die an einer **h**-Ecke zusammenstoßen) festgelegt. Welche Parameter definieren die duale Parkettierung?

Genauer: Wieviele Seiten haben die **h**-Kacheln der dualen **h**-Parkettierung und wieviele **h**-Kacheln stoßen an einer **h**-Ecke zusammen?

Aufgabe 10.8 Welche Parkettierungen sind zu sich selbst dual?

11. Hyperbolien und seine Probleme

11.1. Ein Modell für drei Dimensionen

Möchte man ein dreidimensionales Modell der hyperbolischen Geometrie, so teilt man den **e**-Raum durch eine **e**-Ebene ω in zwei **e**-Halbräume, von denen einer ausgewählt wird. Um die Sprechweise zu vereinfachen nennen wir ihn den **e**-Halbraum „oben". Die **h**-Punkte sind dann alle **e**-Punkte „oberhalb" ω.

Eine **h**-Gerade ist ein **e**-Halbkreis oder eine **e**-Halbgerade, die ω **e**-senkrecht **e**-berührt. Eine **h**-Ebene ist eine **e**-Halbkugel oder eine **e**-Halbebene, die ω **e**-senkrecht **e**-berührt. Die folgende Abbildung zeigt zwei **h**-Ebenen, Φ und Ψ, die sich in der **h**-Geraden g schneiden.

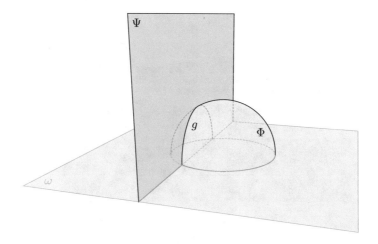

Aufgabe 11.1 Beschreibe die Euklidschen Eigenschaften der **h**-Spiegelung an einer **h**-Ebene, die eine **e**-Halbkugel ist.

Aufgabe 11.2 Wie könnte man folgende hyperbolische Objekte wohl in der Sprache der Euklidschen Geometrie beschreiben?

(a) Eine **h**-*Abstandsfläche*: Der geometrische Ort aller **h**-Punkte, die von einer gegebenen **h**-Ebene denselben **h**-Abstand haben wie ein fester **h**-Punkt P und auf derselben Seite wie P liegen.

© Springer Fachmedien Wiesbaden GmbH, ein Teil von Springer Nature 2019
M. Barot, *Einführung in die hyperbolische Geometrie*,
https://doi.org/10.1007/978-3-658-25813-9_11

(b)   Eine **h**-*Kugeloberfläche*: Der geometrische Ort aller **h**-Punkte, die von einem festen **h**-Punkt M denselben **h**-Abstand haben wie der **h**-Punkt P.

(c)   Welches dreidimensionale Analogon hat der Horozykel in drei Dimensionen? Man nennt dies eine *Horoshpäre*.

11.2. Hyperbolien

Um gewisse Eigenheiten der hyperbolischen Geometrie besser hervorzuheben, stellen wir uns eine **h**-Ebene vor mit dazu **h**-senkrechten **h**-Gravitationslinien. Dieses Modell nennen wir kurz *Hyperbolien*. Die Hyperbolianer leben „oberhalb" dieser **h**-Ebene, die wir kurz **h**-*Erde* nennen.

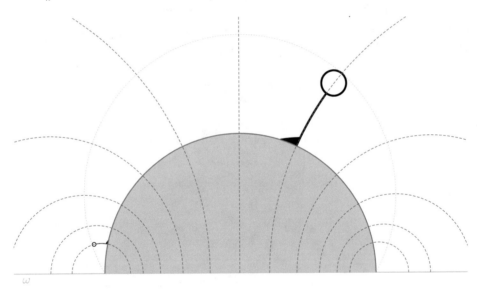

Da zweidimensionale Bilder so viel leichter zu zeichnen sind als dreidimensionale, werden wir sehr häufig Querschnitte zeichnen oder einfach nur die Ansicht der **h**-Erdoberfläche angeben. Oben abgebildet ist ein Bild der **h**-Erde im Querschnitt mit den eingezeichneten Gravitationslinien und zwei gleich großen Hyperbolianern.

11.3. Die Mutter mit ihren zwei Kindern

Stellen wir uns vor, die **h**-Erdoberfläche sei eine **e**-Halbebene, wie Ψ in der Abbildung aus Abschnitt 11.1. Eine Hyperbolianerin geht entlang einer **h**-

Geraden mitten auf einer **h**-geraden **h**-Straße. An jeder Hand führt sie ein Hyperbolianerkind. Wie empfinden die Hyperbolianerkinder den Spaziergang? Wir werden von nun an den Präfix „**h**-" meistens weglassen.

Ein Bild der Situation (gezeigt wird nur die Erdoberfläche, auf der die drei gehen):

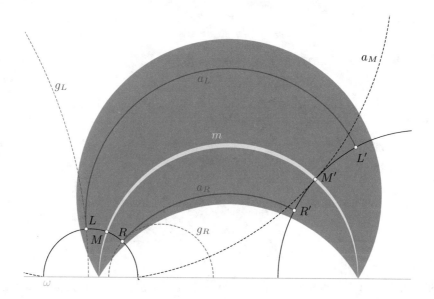

In der **h**-Mitte auf der Mittellinie der Straße m geht die Hyperbolianermutter. Sie startet in M und geht nach M'. In L startet das Hyperbolianerkind, das links von ihr geht, es geht entlang der Abstandslinie a_L, da die Arme von Mutter und Kind immer gleich lang bleiben. Rechts startet in R das andere Hyperbolianerkind.

Würde die Mutter die Kinder nicht an den Armen führen und die Kinder geradeaus gehen, so würden sie entlang der Geraden g_L bzw. g_R, die senkrecht auf LR stehen weitergehen und sich von der Mutter entfernen. Die Kinder werden also ständig zur Mutter hingezogen. Das linke Kind muss ständig nach rechts gehen, das rechte ständig nach links.

Auch müssen die Kinder weiter gehen als die Mutter, wie die Abstandslinie a_M zeigt. Da die Kinder aber entlang gekrümmten Linien gehen, gehen sie nicht einmal auf kürzestem Wege von L nach L' bzw. von R nach R'.

11.4.   Das Problem des h-Tischs

Nun gehen wir das Problem an, einen Tisch in Hyperbolien zu planen.

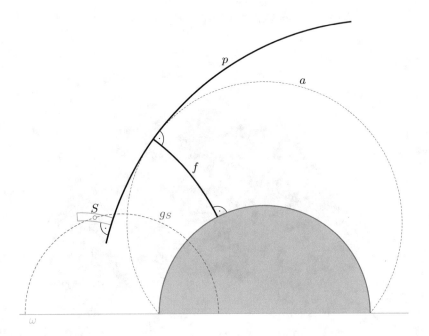

Der Tisch soll möglichst einfach sein, aber doch funktional: ein auf ihm
abgestelltes Glas sollte nicht umkippen. Die Einfachheit gebietet: der Tisch
soll einen zentralen Fuß haben und eine kreisrunde Tischplatte. Der Tischfuß
f sollte senkrecht zum Boden stehen und die Tischplatte p zum Fuß auch
wieder senkrecht sein. Wir zeichnen den Tisch in einem Querschnitt durch
den Fuß, siehe obiges Bild.

Stellt man ein Longdrinkglas senkrecht auf die Tischplatte p und zeichnet
deren Schwerpunkt S ein, so sieht man, dass die Gravitationslinie g_S durch
S nicht durch den Boden des Glases verläuft. Das Glas würde kippen und
seinen Inhalt hin zur Tischmitte ausgießen. Die Flüssigkeit würde sich in
der Tischmitte ansammeln.

Die Abstandslinie a zeigt, dass die Tischplatte sich gegen außen vom Boden
entfernt.

Es ist daher besser eine Tischplatte zu konstruieren, die äquidistant zum
Boden ist. Denn eine Abstandslinie a (im dreidimensionalen: eine Abstandsfläche) zur Erdoberfläche t hat die Eigenschaft, dass sie senkrecht ist zu allen

Loten auf t, also zu allen Gravitationslinien. Ein auf eine Abstandsfläche gestelltes Glas fällt nicht um, siehe das nächste Bild.

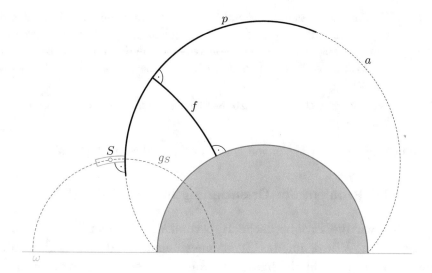

Die Konstruktion hat aber auch ihre Nachteile: ein Tischtuch kann nicht aus ebenem Stoff gefertigt sein, es muss speziell angefertigt werden, da es sonst Falten wirft. Außerdem sollten Gläser einen hohlen Boden haben, da sie sonst nicht stabil auf einem solchen Tisch stehen.

11.5. Die Konstruktion von Wolkenkratzern

Die Konstruktion von mehrstöckigen Gebäuden bietet ähnliche Probleme, wie die Anfertigung eines einfachen Tisches. Die folgende Aufgabe leitet durch die wichtigsten Aspekte hindurch.

Aufgabe 11.3 (a) Wie sollte eine tragende Wand in Hyperbolien konstruiert werden, damit sie nicht umfällt?

    (b) Wie sollten die Böden konstruiert werden, damit die Möbelstücke überall fest stehen und nicht umfallen?

    (c) Wie sollten die Tischplatten der Tische in verschiedenen Stockwerken angefertigt werden?

    (d) Was muss beachtet werden beim Einkauf eines Teppichs?

    (e) Was bedeutet dies, wenn eine Familie von Hyperbolianern vom 1. Stock in den 8. Stock umziehen will?

Aufgabe 11.4   Konstruiere nun den Querschnitt eines mehrstöckigen Gebäudes mit den Erkenntnissen aus Aufgabe 11.3 und beantworte sodann die folgenden Fragen:

(a)   Wie verändert sich die Wohnfläche bei zunehmender Höhe? Schätze dies ab, indem du im Querschnitt Abstandslinien zur Mittelsenkrechten s von LR, der beiden Wände konstruierst, die durch die Fußpunkte L, R der Wände verlaufen. Beachte: s ist Symmetrieachse des Gebäudequerschnitts.

(b)   Wie ändert sich die benutzbare Fläche, wenn man in die Kellergeschosse hinabsteigt?

Aufgabe 11.5   Welche Typen von Fenster sind möglich in Hyperbolien?

11.6.   Das Problem der Orientierung in einer h-Stadt

Betrachten wir die Erdoberfläche Hyperboliens von oben und stellen wir uns die Frage: Wie kann das Straßennetz einer Stadt angelegt werden? Unmöglich ist ein rechtwinkliges Netz von sich kreuzenden Straßen in zwei Richtungen, wie zum Beispiel in Manhatten, wo die *Avenues* parallel zueinander verlaufen und sich rechtwinklig schneiden mit den *Streets*, die ebenfalls zueinander parallel sind.

Für kleine Ortschaften bietet sich die folgende Struktur an: eine Avenue und dazu rechtwinklig abgehende Querstraßen.

Dieses Straßennetz gleicht einem Fischgerippe.

Für eine größere Stadt brauchen wir aber ein ausgedehnteres Netz. Ein solches ergibt sich zum Beispiel als Teil einer Parkettierung mit $n = 5$, $m = 4$:

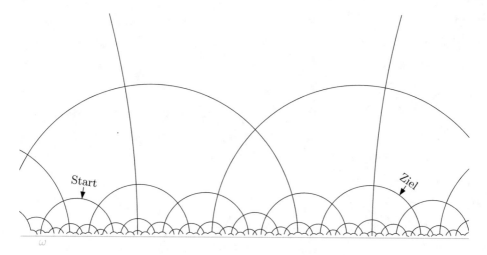

Aufgabe 11.6 Wie lang ist der kürzeste Weg vom Start ins Ziel im obigen Straßennetz, wenn die Kacheln die Seitenlänge 100 m haben. Start und Ziel liegen jeweils genau 50 m von den nächsten Kreuzungen entfernt.

Aufgabe 11.7 Ein Hyperbolianer geht im Start in der Abbildung oben auf einen Spaziergang. Er geht in der Abbildung nach rechts. An der ersten Kreuzung geht er links, an der zweiten nochmals links, danach zweimal nach rechts, schließlich geradeaus. Wir kodieren diesen Weg als *LLRRG*. Wo endet er seinen Spaziergang? Vergleiche den Endpunkt, wenn er die zweite und dritte Richtungsänderung vertauscht, also entlang *LRLRG* spaziert.

Die Aufgaben 11.6 und 11.7 zeigen, dass die Orientierung in einem solchen Straßennetz ganz schön schwierig ist. Außerdem gibt es keine maßstabsgetreue Straßenkarte, da man in der hyperbolischen Geometrie keine maßstabsgetreuen Verkleinerungen herstellen kann!

12. Konstruktionen mit Zirkel und Lineal

Dieses Kapitel bietet Gelegenheit, die bisher erworbenen Erkenntnisse anzuwenden in einem anderen Umfeld. Anstatt mit einem CGS sollen die Konstruktionen nun mit Zirkel und Lineal durchgeführt werden. Für den weiteren Verlauf ist das Kapitel nicht wesentlich, da keine neue Überlegungen angestellt werden. Jedoch ist es ein guter Gradmesser für das Verständnis. Konstruktionen mit Zirkel und Lineal sind einiges aufwändiger herzustellen als Konstruktionen mit einem CGS. Die Herausforderung besteht also darin, aus der Vielzahl der betrachteten Überlegungen geschickt die geeignete zu finden, die das Problem am elegantesten lösen.

Für die Durchführung der Konstruktion soll die Aufgabenstellung vergrößert auf ein Blatt Papier übertragen werden. Die genauen Abmessungen spielen nicht eine wesentliche Rolle, jedoch die ungefähre relative Lage.

Aufgabe 12.1 Konstruiere den Lichtweg, der von A ausgehend an der Geraden g gespiegelt wird und nach B führt.

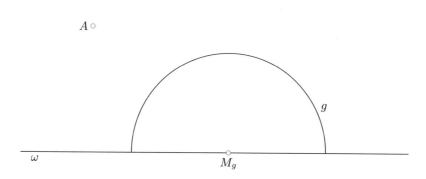

Aufgabe 12.2 Gegeben ist eine **h**-Gerade g mit **e**-Zentrum M_g und zwei **h**-Punkte A und B auf ihr. Ferner sind zwei **h**-Strecken AP und BQ auf **h**-Geraden, die **e**-Halbgeraden sind. Konstruiere ein **h**-Dreieck ABC mit den Seiten $a = |BQ|_{\mathbf{h}}$ und $b = |AP|_{\mathbf{h}}$.

© Springer Fachmedien Wiesbaden GmbH, ein Teil von Springer Nature 2019
M. Barot, *Einführung in die hyperbolische Geometrie*,
https://doi.org/10.1007/978-3-658-25813-9 12

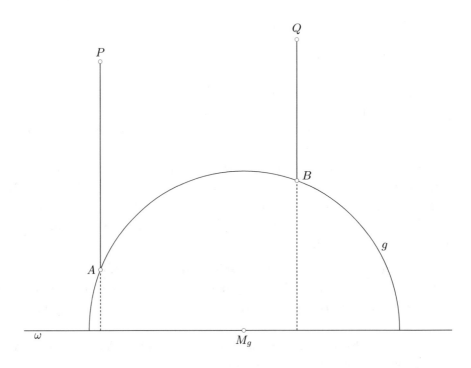

Aufgabe 12.3   Gegeben ist eine **h**-Gerade $g = AB$ sowie eine **h**-Strecke PQ auf einer **h**-Geraden, die **e**-Halbgerade ist. Konstruiere ein **h**-Dreieck ABC mit $\beta = 30°$ und $h_c = |PQ|_{\mathbf{h}}$.

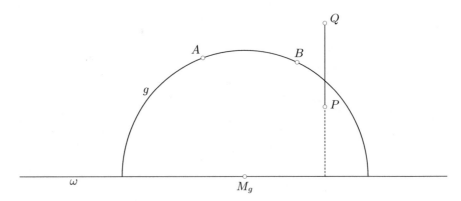

Aufgabe 12.4   Gegeben sind zwei **h**-Punkte A und B. Konstruiere den **h**-Kreis
k durch A und B so, dass AB der **h**-Durchmesser von k wird.

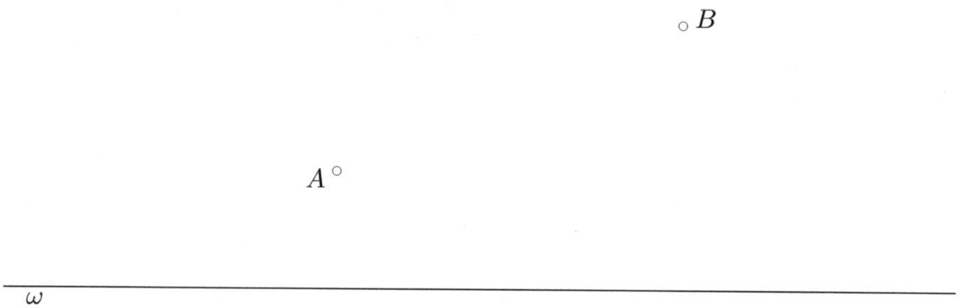

$_\circ B$

$A\,^\circ$

ω

Aufgabe 12.5   Gegeben sind zwei **h**-Punkte A und B. Konstruiere die zwei Horozykel h_1 und h_2, die durch A und B verlaufen.

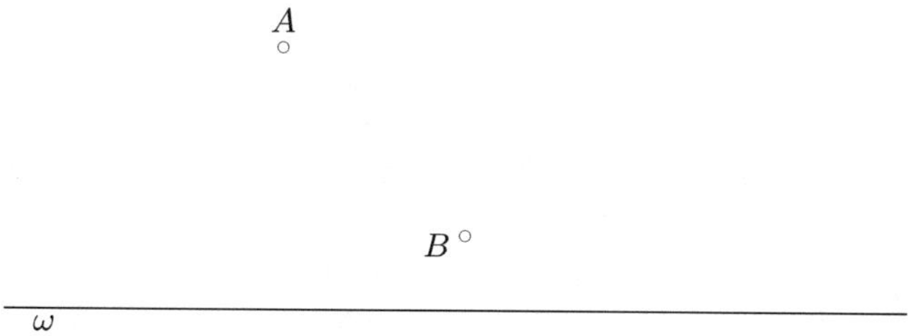

A
$\circ$

$B\,^\circ$

ω

Aufgabe 12.6 Zwei **h**-Geraden, die sich nicht schneiden und auch keinen Fernpunkt gemein haben, besitzen immer eine gemeinsame **h**-Senkrechte. Konstruiere diese in der folgenden Situation zweier **h**-Geraden g und h.

Hinweis: Ein **h**-Lot ℓ zu g hat die Eigenschaft, dass die **h**-Spiegelung an ℓ die **h**-Gerade g und alle **h**-Abstandslinien zu g auf sich selbst abbildet.

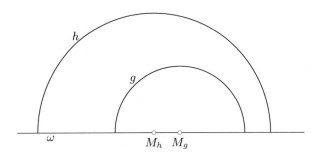

13. Andere Modelle

13.1. Das Scheibenmodell nach BELTRAMI-POINCARÉ

Ein anderes Modell für die hyperbolische Geometrie wird als BELTRAMI-POINCARÉsches Scheibenmodell bezeichnet. In diesem Scheibenmodell wird ein **e**-Kreis ω fest vorgegeben. Dessen **e**-Radius spielt keine Rolle. Die **h**-Punkte sind dann die **e**-Punkte im Innern von ω. Die **h**-Geraden sind **e**-Kreisbögen, die ω **e**-senkrecht berühren sowie die **e**-Durchmesser von ω. Die **h**-Winkel werden wieder wie die **e**-Winkel gemessen.

Die folgende Abbildung zeigt das Scheibenmodell nach BELTRAMI-POINCARÉ mit drei **h**-Geraden a, b und c und zwei **h**-Punkten P und Q. Die **e**-Punkte U und V sind keine **h**-Punkte.

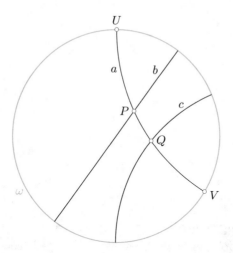

Auf den ersten Blick scheint das Scheibenmodell ein ganz anderes Modell zu sein als die vertraute BELTRAMI-POINCARÉsche Halbebene. Aber dieser Eindruck täuscht. Es gibt eine einfache Art zu sehen, dass die beiden Modelle äquivalent sind. Dazu **e**-invertieren wir die Kreisscheibe an einem **e**-Kreis k, dessen Zentrum M auf ω liegt. Der Radius von k spielt zwar keine Rolle, doch ist es für die Übersichtlichkeit besser, ihn mindestens so groß festzulegen, wie der **e**-Durchmesser von ω.

Wir wählen den **e**-Radius von k genau gleich dem **e**-Durchmesser von ω. Dann berühren sich k und ω in einem **e**-Punkt U, der dem **e**-Zentrum von

© Springer Fachmedien Wiesbaden GmbH, ein Teil von Springer Nature 2019
M. Barot, *Einführung in die hyperbolische Geometrie*,
https://doi.org/10.1007/978-3-658-25813-9 13

k e-diametral in ω gegenüberliegt.

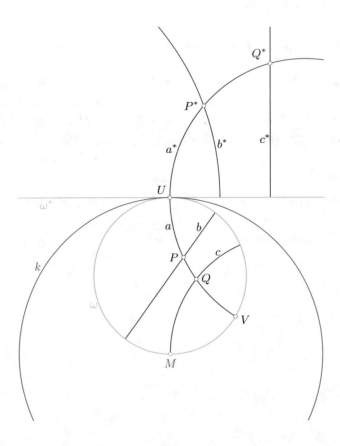

Die obige Abbildung zeigt die Beziehung zwischen den beiden Modelle, die durch die e-Inversion an k gegeben wird. Die e-Inversion von ω ist eine e-Gerade ω^*. Das Innere von ω wird in eine der zwei e-Halbebenen mit Berandung ω^* abgebildet, bei uns ist jene „oberhalb" von ω^*. Berührt eine h-Geraden den e-Kreis k in M, wie zum Beispiel c, so ist das Bild c^* eine e-Halbgerade. Eine h-Gerade im Scheibenmodell, die e-Durchmesser von ω ist, kann aber durchaus auf einen e-Halbkreis abgebildet werden, wie zum Beispiel b und b^*.

Aufgabe 13.1 Beschreibe die Objekte h-Kreis, h-Abstandslinie und Horozykel
im Scheibenmodell als euklidsche Objekte.

13.2. Das Halbkugelmodell

Ein weiteres Modell für die hyperbolische Geometrie erhalten wir durch Betrachten einer **h**-Ebene im dreidimensionalen Modell der hyperbolischen Geometrie, wie wir sie in Abschnitt 11.1 kennen gelernt haben. Es handelt sich nicht um ein „klassisches" Modell, ist aber trotzdem nützlich um, den Zusammenhang zum letzten Modell zu verstehen.

Wir verwenden also eine **h**-Ebene, die eine **e**-Halbkugel ist und stellen sie uns als nach „oben" gewölbt mit „horizontalem" Äquator vor. Die **h**-Punkte sind dann die **e**-Punkte auf der **e**-Halbkugel „oberhalb" des Äquators. Die **h**-Geraden sind **e**-Halbkreise, die den **e**-Äquator **e**-senkrecht berühren. Die **h**-Winkel werden mit Hilfe von **e**-Tangenten als **e**-Winkel gemessen.

Die folgende Überlegung zeigt, dass die BELTRAMI-POINCARÉsche Halbebene zum Halbkugelmodell äquivalent ist.

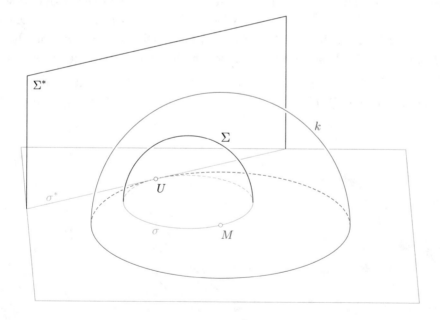

Gegeben ist also eine **h**-Ebene Σ, die eine **e**-Halbkugel mit **e**-Äquator σ ist. Nun wird Σ invertiert an einer **h**-Ebene k, die selbst wieder eine **e**-Halbkugel ist und sein **e**-Zentrum M auf σ liegt. Der **e**-Radius r von k spielt keine Rolle, aber wir zeigen die Situation schematisch in dem Falle, dass r gleich dem **e**-Durchmesser von Σ ist.

Dadurch wird der **e**-Kreis σ in eine **e**-Gerade σ^* und die **e**-Halbkugel Σ in eine **e**-Halbebene Σ^* abgebildet, siehe auch Abschnitt 16.2.

Aufgabe 13.2   Beachte, dass **h**-Kreise, Horozykel und **h**-Abstandslinien in der **h**-Ebene Σ^* als Schnittkurven von **e**-Kugeln (oder manchmal von **e**-Ebenen) mit der **e**-Halbene aufgefasst werden können. Benutze die Eigenschaften der **e**-Kugelinversion, siehe dazu den Abscnitt 16.2 um die hyperbolischen Objekte: **h**-Kreis, Horozykel und **h**-Abstandslinie im Halbkugelmodell möglichst präzise als euklidsche Objekte zu beschreiben.

13.3.   Das Scheibenmodell nach BELTRAMI-KLEIN

Das letzte Modell, das wir hier vorstellen, ist das BELTRAMI-KLEINsche Scheibenmodell. Bei diesem wird wieder ein **e**-Kreis ω festgelegt. Die **h**-Punkte sind die **e**-Punkte im Inneren von ω. Die **h**-Geraden sind die **e**-Sehnen von ω. Die **h**-Winkel werden jedoch nicht wie die **e**-Winkel gemessen.

Die folgende Abbildung zeigt drei **h**-Geraden a, b und c, die sich in den **h**-Punkten P und Q schneiden. Es gilt $\sphericalangle_{\mathbf{h}}(b,c) = 90°$ aber $\sphericalangle_{\mathbf{h}}(a,b) \neq 90°$.

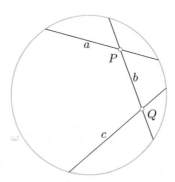

Dieses Modell hat viele interessante Eigenschaften, von denen wir einige betrachten werden. Zuerst zeigen wir, wie der Zusammenhang zum Halbkugelmodell zustande kommt. Dies geschiet einfach durch eine Parallelprojektion senkrecht auf die **e**-Äquatorialebene.

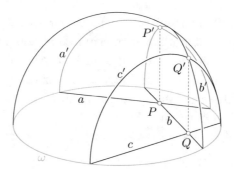

Aufgabe 13.3 Zeige folgende Eigenschaft des BELTRAMI-KLEINschen Scheiben-
modells: Im e-Zentrum von ω sind die h-Winkel gleich den e-Winkeln.

Der Aufgabe 13.2 entnehmen wir, dass h-Kreise im Halbkugelmodell e-
Kreise sind. Diese werden bei der Parallelprojektion in e-Ellipsen abgebil-
det. Ebenso sind Horozykeln und h-Abstandslinien im Halbkugelmodell e-
Kreisbögen und werden daher auf e-Ellipsenbögen abgebildet im BELTRAMI-
KLEINschen Scheibenmodell.

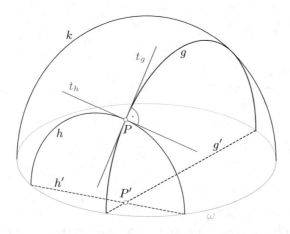

Als Nächstes soll gezeigt werden, wie man die Eigenschaft, dass zwei h-
Geraden h-senkrecht stehen im BELTRAMI-KLEINschen Scheibenmodell beschrieben werden kann. Wir starten dazu mit zwei zueinander h-senkrechten
h-Geraden g und h in der h-Ebene k, die eine e-Halbkugel ist mit e-Äquator
ω, siehe die vorangehende Abbildung.

Dass die h-Geraden g und h senkrecht sind, drückt sich in der euklidschen
Geometrie dadurch aus, dass die e-Tangenten t_g und t_h an g bzw. h im
Schnittpunkt P e-senkrecht aufeinander stehen.

Um diese Eigenschaft auszunützen, denken wir uns g fest und P darauf beweglich. Die **e**-Tangenten, die wir so erhalten bilden dann die Hälfte eines **e**-Kegels, der k in g berührt, siehe die nächste Abbildung. Die Spitze des Kegels bezeichnen wir mit S. Nun betrachten wir noch eine **e**-Ebene Σ, die t_h und h enthält. Diese beinhaltet dann auch h' und S. Somit folgt, dass die **e**-Gerade h' durch S verläuft.

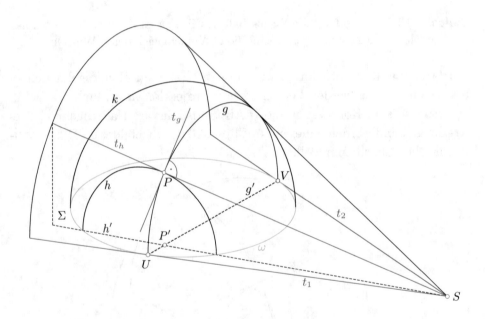

Der **e**-Kegel enthält aber auch die zwei **e**-Tangenten t_1 und t_2 an die **e**-Berührpunkte von g' an ω. Man nennt den Tangentenschnittpunkt S der zwei Tangenten an einen **e**-Kreis ω in den **e**-Schnittpunkten U und V einer **e**-Geraden g' den *Pol* P_g von g'. Somit ist die gewünschte Eigenschaft gefunden, die wir in einem Satz festhalten.

Satz 13.3.1. *Zwei* **h**-*Geraden* g' *und* h' *im* BELTRAMI-KLEIN*schen Scheibenmodell sind genau dann* **h**-*senkrecht wenn* h' *durch den Pol von* g' *verläuft.*

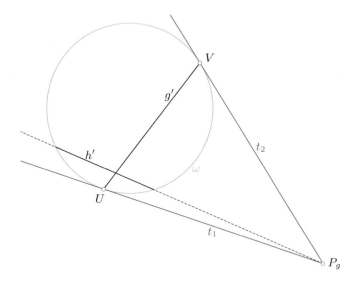

Diese Eigenschaft lässt sich ausnutzen, um die **h**-Reflexion an einer **h**-Geraden g im BELTRAMI-KLEINschen Scheibenmodell auszuführen. Es soll also ein **h**-Punkt P an einer **h**-Geraden g **h**-reflektiert werden. Sicherlich liegt das **h**-Spiegelbild P^* auf dem **h**-Lot l von P auf g. Außerdem solltem man beachten, dass sich bei der **h**-Reflexion an g die beiden **e**-Berührpunkte A und B mit ω einer **h**-Senkrechten l zu g untereinander vertauschen, siehe die nächste Abbildung links.

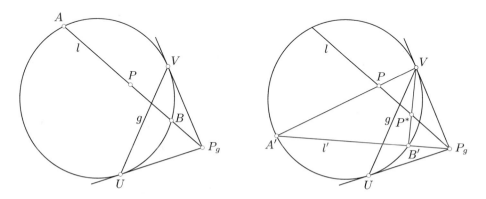

Nun verbinden wir P einen der **e**-Berührpunkte von g mit ω, zum Beispiel V und bezeichnen den anderen **e**-Berührpunkt von VP mit A'. Das **h**-Lot l' von A' auf g berührt ω auch noch in B'. Daher geht bei der **h**-Reflexion in g die **h**-Gerade VA' in VB' über. Somit ist aber auch klar, wo P^* liegen muss: auf l und auf VB'.

Aufgabe 13.4 Konstruiere die h-Abstandslinie im BELTRAMI-KLEINschen Scheibenmodell zu einer h-Geraden durch einen gegebenen h-Punkt P.

Aufgabe 13.5 Konstruiere zu vorgegebenem h-Zentrum M einen h-Kreis k im BELTRAMI-KLEINschen Scheibenmodell, der durch einen vorgegebenen h-Punkt P verläuft.

Aufgabe 13.6 Konstruiere einen Horozykel im BELTRAMI-KLEINschen Scheibenmodell durch einen gegebenen h-Punkt P, der ω in einem gegebenen e-Punkt H berührt.

Beachte dabei: Der Horozykel kann als geometrischer Ort der h-Reflexionen P^* an einer h-Geraden, die sich um A dreht, konstruiert werden.

Das BELTRAMI-KLEINschen Scheibenmodell hat zwar den Nachteil, dass die h-Winkel nicht den e-Winkeln entsprechen, aber es hat auch Vorteile: Erstens sind die h-Geraden wirklich auch e-gerade und zweitens lassen sich die e-Punkte im Äußeren von ω für die Konstruktionen gut nutzen: Sie entsprechen den h-Geraden. Genauer: Jede h-Gerade definiert seinen Pol (wenn man noch die e-Fernpunkte hinzunimmt für jene h-Geraden, die durch das e-Zentrum von ω verlaufen). Dies ist ein e-Punkt außerhalb ω.

13.4. Das Kugelmodell

Wir wollen noch kurz ein weiteres dreidimensionales Modell vorstellen. Dieses ist das Analogon des BELTRAMI-KLEINschen Scheibenmodell in drei Dimensionen. Dazu fixiert man eine e-Kugel ω. Die h-Punkte sind die e-Punkte im Innern von ω. Die h-Geraden sind die e-Sehnen von ω und h-Ebenen das Innere von e-Kreisscheiben, die ω in einem e-Kreis berühren.

Wir schließen aus der Analogie: die h-Winkel im e-Zentrum von ω lassen sich wie e-Winkel messen. Jede h-Ebene E definiert einen Pol P_E: die e-Spitze des e-Kegels, der ω in e-Rand g berührt. Eine h-Gerade ist genau dann h-senkrecht zu E, wenn ihre e-Verlängerung durch P_E verläuft.

Wie wir gleich sehen werden ist dieses Modell wie geschaffen, um Hyperbolien wirklich hyperbolisch zu sehen.

14. Sehen in Hyperbolien

Angenommen, wir wären in Hyperbolien, wie würden wir dann Straßen und Häuser sehen? Dieser letzte Abschnitt gibt darauf Antwort in Bildern.

14.1. Eigenschaften des Sehens

Das Licht sollte auch in Hyperbolien **h**-gerade verlaufen. Die **h**-Sehstrahlen sind also **h**-Geraden. Aus diesem Grund ist das BELTRAMI-KLEINsche Kugelmodell wunderbar geeignet, wenn das Auge im **e**-Zentrum der **e**-Kugel platziert wird, da dann alle Winkel zwischen sich dort kreuzenden **h**-Geraden wie **e**-Winkel gemessen werden und die **h**-Geraden auch **e**-gerade sind.

Die Konstruktionen erfolgen im also im BELTRAMI-KLEINsche Kugelmodell und das sehende Auge liegt immer im **e**-Zentrum. Bewegt wird daher nicht das Auge sondern alles andere.

14.2. Die Skala

Überlegen wir uns folgende Situation: Ich telefoniere mit einem Wesen einer anderen euklidschen Welt. Um uns besser kennen zu lernen, beschreibe ich ihm die Abmessungen meiner Wohnung: Wie hoch ist die Decke über dem Boden, welcher Abstand haben die Wände voneinander. Ich sage also: Ich bin 1.80 m groß und meine Zimmerdecke liegt 0.5 m über mir, parallel zum Boden. Nun kann mein Gesprächspartner diese Angaben benutzen, um ein eigenes Zimmer zu bilden, das sich genau so anfühlen wird, wie mein eigenes. Jedoch habe ich keine Ahnung wie groß das andere Wesen ist: hat es die Größe einer Ameise oder eines Elefanten?

Dieselbe Situation ist ganz anders in der hyperbolischen Welt. Ich kann rein geometrisch meine Körpergröße übermitteln, indem ich angebe, wie lang der Umkreisradius eines regelmäßigen Polygons P mit 5 Seiten und lauter rechten Winkeln ist. Die Skala spielt also eine wesentliche Rolle. Hat P die Größe einer Badezimmerkachel oder die eines Häuserblocks in einer Stadt?

© Springer Fachmedien Wiesbaden GmbH, ein Teil von Springer Nature 2019
M. Barot, *Einführung in die hyperbolische Geometrie*,
https://doi.org/10.1007/978-3-658-25813-9_14

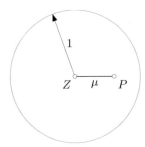

Wir legen die Skala dadurch fest, indem wir angeben, wie lang ein **h**-Meter ist. Die **e**-Kugel des BELTRAMI-KLEINschen Modells habe den **e**-Radius 1. Ein **h**-Punkt im **h**-Abstand 1 m vom **e**-Zentrum Z habe den **e**-Abstand μ von Z.

In den folgenden Bildern wurde $\mu = 0.3$ gewählt.

14.3.   Die Straße

Zuerst betrachten wir eine **h**-Straße. Die Straßenränder sind äquidistant
im **h**-Abstand von 2 m zur Mittellinie. Die Mittelinie hat eine Breite von
20 cm. Auf der rechten Straßenseite stehen Straßenlampen der Höhe 2.4 m,
die einen ungefähr kubischen Leuchtkörper der Kantenlänge 56 cm haben.
Die Lampen stehen im Abstand 3 m voneinander. Der Betrachter hat sein
Auge 1.6 m über dem **h**-ebenen Boden.

Der Horizont, d.h. die Trennlinie zwischen der **h**-horizontalen Wiese und
dem Himmel, scheint gekrümmt.

Im nächsten Bild sieht man dieselbe Straße, aber der Beobachter hat diese verlassen und schaut im **h**-Abstand von 3.5 m vom vorderen Straßenrand entfernt senkrecht auf diese. Man beachte, dass beide Fernpunkte der **h**-geraden Mittelline **h**-sichtbar sind. Der vordere Straßenrand scheint etwas auszuholen. Den Straßenlampen sieht man an, dass diese ebenfalls auf die **h**-Fernpunkte zulaufen. Die Straßenlampen scheinen **h**-schief auf dem **h**-Boden zu stehen, sie sind jedoch exakt **h**-senkrecht.

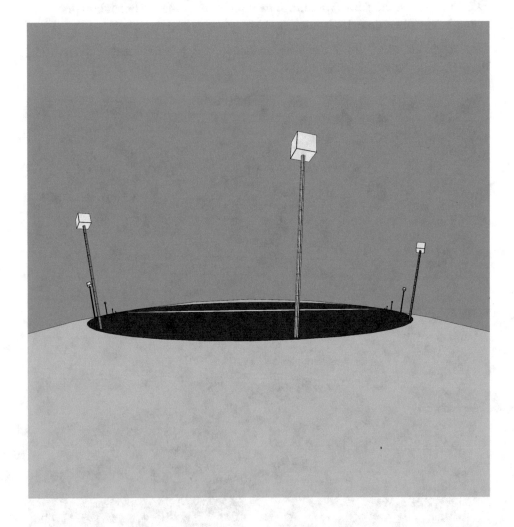

14.4. Parkettierung mit Säulen

In den nächsten zwei Bildern sieht man eine **h**-Ebene die durch **h**-Kacheln parkettiert wurde. Jede **h**-Kachel hat 4 Seiten und an jeder **h**-Ecke treffen 5 **h**-Kacheln zusammen. Die **h**-Kachellänge ist 4.05 m. In jedem Zentrum steht eine 3 m hohe Säule mit dem **h**-Durchmesser von 80 cm.

In der zweiten Abbildung steht der Beobachter auf einer Säule und schaut runter auf die Säulenlandschaft. Aus dieser Perspektive scheint der **h**-ebene Boden stark gekrümmt.

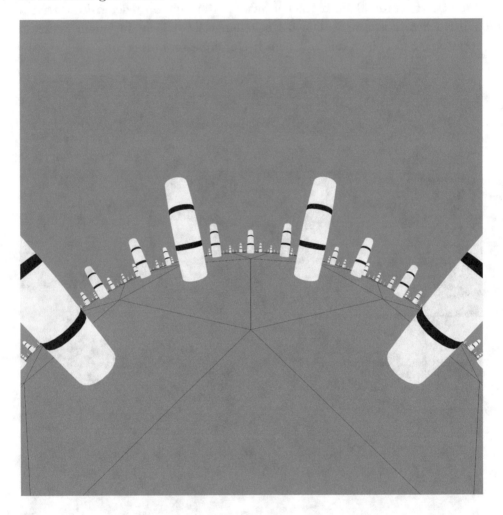

14.5. Ein Haus

Die folgende Abbildung zeigt ein dreistöckiges **h**-Haus. Die Stockwerke sind
2.5 m hoch. Im Erdgeschoss gibt es neben der Türe gerade 4 Fenster der
Breite und Höhe 1.4 cm. Die Fenster haben vertikale **h**-gerade Begrenzungen, damit die Fensterläden frei drehbar sind. Das Haus ruht auf einem
40 cm hohen Fundament. Die Breite des Fundaments auf dem Boden ist
15 m. Aber schon im 1. Stock ist die Länge der Fassade 21.5 m lang und
es haben 8 Fenster derselben Größe Platz. Der zweite Stock bietet Raum
für 15 Fenster mit einer Fassadenlänge entlang des Stockwerkbodens von
41.3 m.

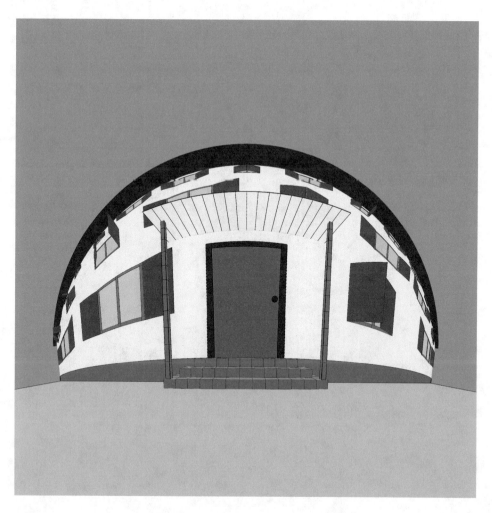

15. Distanz- und Flächenmessung

Mit $d_e(A, B) = AB$ bezeichnen wir den **e**-Abstand zweier **e**-Punkte A und B. Im Folgenden soll der Begriff der **h**-Distanz und der **h**-Flächenmessung erarbeitet werden.

15.1. Anforderungen an die h-Distanz

Mit $d_h(A, B)$ wird die **h**-Distanz zweier **h**-Punkte A und B bezeichnet. Diese **h**-Distanz sollte folgende vier Eigenschaft erfüllen.

(D1) **Nicht-Negativität.** Es gilt $d_h(A, B) \geq 0$ mit $d_h(A, B) = 0$ genau dann, wenn $A = B$.

(D2) **Symmetrie.** Es gilt $d_h(A, B) = d_h(B, A)$.

(D3) **Dreiecksungleichung** und **Additivität.** Für drei **h**-Punkte A, B, C gilt $d_h(A, C) \leq d_h(A, B) + d_h(B, C)$. Gleichheit gilt dann und nur dann, wenn B auf der **h**-Strecke AC liegt.

(D4) **Invarianz unter h-Spiegelung.** Sind A, B zwei **h**-Punkte und A', B' ihre Spiegelbilder unter einer **h**-Spiegelung an einer **h**-Geraden, so gilt $d_h(A', B') = d_h(A, B)$.

15.2. Das Doppelverhältnis

Für vier **e**-Punkte, A, B, U und V, definiert man das *Doppelverhältnis* $\delta(A, B, U, V)$ wie folgt:

$$\delta(A, B, U, V) = \frac{AU}{BU} : \frac{AV}{BV}.$$

Aufgabe 15.1 Zeige, dass $\delta(A, B, U, V) = 1$, wenn $A = B$ gilt.

Aufgabe 15.2 Zeige, dass $\delta(B, A, U, V) = \dfrac{1}{\delta(A, B, U, V)}$ gilt.

Aufgabe 15.3 Zeige, dass $\delta(A, B, U, V) \cdot \delta(B, C, U, V) = \delta(A, C, U, V)$ gilt.

© Springer Fachmedien Wiesbaden GmbH, ein Teil von Springer Nature 2019
M. Barot, *Einführung in die hyperbolische Geometrie*,
https://doi.org/10.1007/978-3-658-25813-9 15

Wie wir noch sehen werden, bieten die vorangehenden drei Aufgaben die Grundlage, um die Eigenschaften (D1), (D2) und (D3) der noch zu definierenden **h**-Distanz nachzuweisen.

Wir wenden uns nun der Eigenschaft (D4) zu und betrachten zwei **e**-Punkte A und B, die an einem **e**-Kreis mit **e**-Zentrum M und **e**-Radius r in A' bzw. B' invertiert werden.

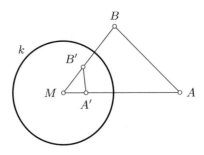

Es gilt dann, siehe Satz 16.1.1, dass das Dreieck MAB zum Dreieck $MB'A'$ ähnlich ist. Daraus schließen wir $A'B' : BA = MB' : MA$ und daher

$$A'B' = \frac{MB'}{MA} \cdot AB = \frac{r^2}{MA \cdot MB} \cdot AB$$

Aufgabe 15.4   Folgere aus dieser Eigenschaft, dass

$$\delta(A', B', U', V') = \delta(A, B, U, V),$$

wenn A', B', U' bzw. V' die Bilder von A, B, U bzw. V bei einer **e**-Kreisinversion an einem **e**-Kreis sind.

15.3.   Die h-Distanz

Sind nun A und B zwei **h**-Punkte, so definieren diese die **h**-Gerade AB mit den zwei Fernpunkten U und V.

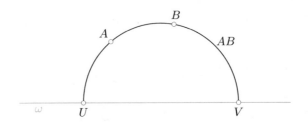

Die **h**-Distanz wird definiert durch

$$d_{\mathbf{h}}(A,B) = \big|\ln\big(\delta(A,B,U,V)\big)\big|.$$

Wir gehen nun daran zu überprüfen, dass die Eigenschaften (D1) bis (D4) erfüllt sind.

Zu (D1): Da U und V auf ω liegen, aber A und B beide oberhalb davon, so sind die **e**-Distanzen AU, BU, AV und BV allesamt positiv. Daher ist auch das Doppelverhältnis $\delta(A,B,C,D)$ positiv und $\ln(\delta(A,B,C,D))$ definiert. Für $A = B$ folgt aus der Aufgabe 15.1, dass $\ln(\delta(A,B,C,D)) = 0$ und somit $d_{\mathbf{h}}(A,B) = 0$. Umgekehrt: ist $d_{\mathbf{h}}(A,B) = 0$, so folgt $\delta(A,B,C,D) = 1$ und daraus schließen wir

$$\frac{AU}{BU} = \frac{AV}{BV}$$
$$\frac{AU}{AV} = \frac{BU}{BV}$$
$$\tan(\varepsilon) = \tan(\zeta),$$

wobei $\varepsilon = \sphericalangle_e AVU$ und $\zeta = \sphericalangle_{\mathbf{e}} BVU$, siehe die folgende Abbildung.

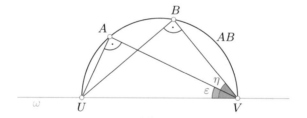

Aus $\tan(\varepsilon) = \tan(\zeta)$ folgt $\varepsilon = \zeta$ und daher $A = B$.

Zu (D2): Wegen Aufgabe 15.2 gilt $\delta(B,A,U,V) = \frac{1}{\delta(A,B,C,D)}$ und somit

$$\ln\big(\delta(B,A,U,V)\big) = -\ln\big(\delta(A,B,C,D)\big).$$

Weil für die **h**-Distanz davon die absoluten Beträge zu ziehen sind, so gilt $d_{\mathbf{h}}(B,A) = d_{\mathbf{h}}(A,B)$.

Zu (D3): Liegt B auf der **h**-Strecke AC, so haben alle drei Strecken AB, AC und BC dieselben Fernpunkte U und V. Weiter gilt nach Aufgabe 15.3, dass $\delta(A,C,U,V) = \delta(A,B,U,V) \cdot \delta(B,C,U,V)$ und daher

$$\begin{aligned}
\ln\big(\delta(A,C,U,V)\big) &= \ln\big(\delta(A,B,U,V) \cdot \delta(B,C,U,V)\big)\\
&= \ln\big(\delta(A,B,U,V)\big) + \ln\big(\delta(B,C,U,V)\big).
\end{aligned}$$

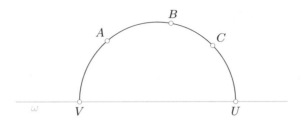

Sei U der Fernpunkt, der näher bei C als bei A liegt. Dann gilt $AU > BU$ und $AV < BV$. Daraus schließen wir $\frac{AU}{BU} > 1$ und $\frac{AV}{BV} < 1$, woraus $\delta(A, B, U, V) > 1$ und $\ln\big(\delta(A, B, U, V)\big) > 0$ folgt. Genauso zeigt man $\ln\big(\delta(B, C, U, V)\big) > 0$ und $\ln\big(\delta(A, C, U, V)\big) > 0$. Daraus folgt $d_{\mathbf{h}}(A, C) = d_{\mathbf{h}}(A, B) + d_{\mathbf{h}}(B, C)$.

Liegt B auf der **h**-Geraden AC, aber außerhalb der **h**-Strecke AC, so bezeichnen wir wieder mit U jenen Fernpunkt der **h**-Geraden AC, der näher bei C als bei A liegt.

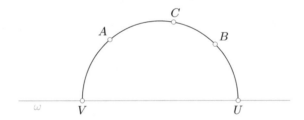

Dann gilt $AU > CU$ und $AV < BV$ somit ist $\frac{AU}{CU} > 1$ und $\frac{AV}{BV} < 1$ und folglich $\delta(A, C, U, V) > 1$ und $\ln(\,\delta(A, C, U, V)\,) > 0$. Liegt B näher bei U als C, wie im Bild oben, so sieht man mit entsprechenden Überlegungen, dass $\ln\big(\delta(A, B, U, V)\big) > 0$, aber $\ln\big(\delta(B, C, U, V)\big) < 0$ und $\ln\big(\delta(C, B, U, V)\big) > 0$. Es gilt dann

$$\ln\big(\delta(A, B, U, V)\big) = \ln\big(\delta(A, C, U, V)\big) + \ln\big(\delta(C, B, U, V)\big)$$

und daher

$$\begin{aligned}
d_{\mathbf{h}}(A, B) + d_{\mathbf{h}}(B, C) &= \ln\big(\delta(A, B, U, V)\big) + \ln\big(\delta(C, B, U, V)\big) \\
&= \ln\big(\delta(A, C, U, V)\big) + 2\ln\big(\delta(C, B, U, V)\big) \\
&> \ln\big(\delta(A, C, U, V)\big) = d_{\mathbf{h}}(A, C).
\end{aligned}$$

Ganz ähnlich beweist man den Fall, wenn B näher bei V liegt, als A.

Schließlich behandeln wir den Fall, wenn B nicht auf der **h**-Geraden AC liegt. Wir tragen dann AB auf dem **h**-Strahl mit Spitze A durch C ab, d. h. wir schneiden den **h**-Kreis k' um A durch B mit diesem Strahl und erhalten B'. Ebenso schneiden wir den **h**-Kreis k'' um C durch B mit dem **h**-Strahl mit Spitze C durch A, um den **h**-Punkt B'' zu erhalten. Die beiden **h**-Kreisscheiben überschneiden sich in einem **e**-linsenförmigen Gebiet. Die **h**-Kreise schneiden sich in B, sowie einem weiteren **h**-Punkt B^*.

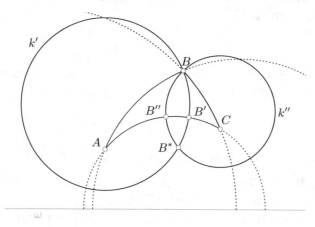

Da sowohl k' als auch k'' invariant sind unter der **h**-Spiegelung in AC, muss B^* das **h**-Spiegelbild von B an AC sein. Daher schneidet AC das **e**-linsenförmige Gebiet und A sowie B'' liegen auf der anderen Seite von B' als C. Somit gilt $d_{\mathbf{h}}(A, B) + d_{\mathbf{h}}(B, C) = d_{\mathbf{h}}(A, B') + d_{\mathbf{h}}(B'', C) > d_{\mathbf{h}}(A, C)$. Damit ist alles gezeigt von (D3).

Zu (D4): Diese Eigenschaft folgt direkt aus der Aufgabe 15.4.

Damit ist gezeigt, dass $d_{\mathbf{h}}$ die geforderten Eigenschaften erfüllt.

15.4. Anforderungen an den h-Flächeninhalt

Wie schon bei der **h**-Distanz fordern wir vom **h**-Flächeninhalt gewisse Eigenschaften. Der **h**-Flächeninhalt F soll dabei zuerst nur für alle **h**-Dreiecke definiert werden.

(F1) **Nicht-Negativität.** Es gilt $F(ABC) \geq 0$ für alle **h**-Dreiecke ABC. Gleichheit gilt nur dann, wenn A, B, C auf einer **h**-Geraden liegen.

(F2) **Additivität.** Ist ABC ein **h**-Dreieck und D ein **h**-Punkt auf der **h**-Strecke AB, so gilt $F(ABC) = F(ADC) + F(DBC)$.

(F3) **Invarianz unter h-Spiegelung.** Sind A, B und C drei **h**-Punkte und A', B' bzw. C' deren **h**-Spiegelbilder bei einer **h**-Spiegelung an einer **h**-Geraden, so gilt $F(A'B'C') = F(ABC)$.

15.5. Der h-Winkeldefekt

Ist ABC in **h**-Dreieck mit den Innenwinkeln α, β und γ, so ist der **h**-Winkeldefekt definiert als

$$\pi - \alpha - \beta - \gamma,$$

wobei π im Bogenmaß den Winkel $180°$ darstellt. Interessanterweise ist der **h**-Winkeldefekt bereits ein Maß für den **h**-Flächeninhalt:

$$F(ABC) = \pi - \alpha - \beta - \gamma.$$

Wir überprüfen die drei Eigenschaften (F1) bis (F3).

Zu (F1): Da die Winkelsumme in jedem nicht-entarteten **h**-Dreieck ABC kleiner ist als π, so gilt $F(ABC) > 0$. Sind jedoch A, B, C kollinear, so sind zwei Innenwinkel 0 un einer ist π, womit $F(ABC) = 0$ folgt.

Zu (F2): Seien α, β und γ die **h**-Innenwinkel des **h**-Dreiecks ABC. Ferner sei $\delta = \sphericalangle_{\mathbf{h}} ADC$ und $\varepsilon = \sphericalangle_{\mathbf{h}} BDC = \pi - \delta$, außerdem sei $\gamma_1 = \sphericalangle_{\mathbf{h}} = ACD$ und $\gamma_2 = \sphericalangle_{\mathbf{h}} BCD = \gamma - \gamma_1$. Dann gilt

$$F(ADC) + F(DBC) = (\pi - \alpha - \delta - \gamma_1) + (\pi - \varepsilon - \beta - \gamma_2)$$
$$= 2\pi - \alpha - \beta - \underbrace{(\gamma_1 + \gamma_2)}_{=\gamma} - \underbrace{(\delta + \varepsilon)}_{=\pi}$$
$$= \pi - \alpha - \beta - \gamma$$
$$= F(ABC).$$

Zu (F3): Diese Eigenschaft folgt sofort aus der Winkeltreue der **e**-Kreisinversion, siehe auch Abschnitt 16.4.

Aufgabe 15.5 Bestimme den **h**-Flächeninhalt einer (m, n)-Kachel, wobei m die Anzahl Seiten und n die Anzahl Kacheln, die an einer Ecke zusammenstoßen, bezeichnen.

    (a)   Bestimme den **h**-Flächeninhalt, wenn $m = 4$ und $n = 5$.

    (b)   Bestimme den **h**-Flächeninhalt, wenn $m = 5$ und $n = 4$.

    (c)   Bestimme den **h**-Flächeninhalt allgemein.

15.6. Vermischtes

Wir betrachten in der Folge den **h**-Umfang eines **h**-Kreises. Die folgende Figur zeigt einen **h**-Kreis k mit **h**-Zentrum M durch P_1. Weiter sind eingezeichnet lauter **h**-Kreise mit demselben **h**-Radius. Jener mit **h**-Zentrum P_1 durch M schneidet k in P_0 und P_2. Jener mit **h**-Zentrum P_2 durch M schneidet k in P_1 und P_3, und so weiter. Beachte: im Euklidschen würde P_0 und P_6 übereinstimmen. Im Hyperbolischen jedoch nicht. Je größer der **h**-Radius, desto größer ist der **h**-Winkel $\sphericalangle_{\mathbf{h}} P_0 M P_6$.

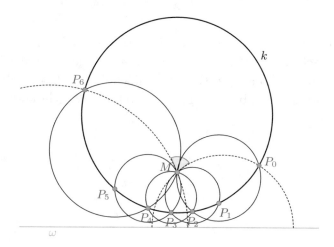

Dies zeigt: Der **h**-Umfang ist nicht wie im Euklidschen ein konstantes Vielfaches des Durchmessers.

In der hyperbolischen Geometrie kann man dreifach entartete **h**-Dreiecke betrachten, deren drei „**h**-Ecken" Fernpunkte sind.

Aufgabe 15.6 Bestimme den **h**-Flächeninhalt eines solchen dreifach entarteten **h**-Dreiecks.

Aufgabe 15.7 Zeige: je zwei dreifach entartete **h**-Dreiecke sind **h**-kongruent.

Ein Horozykel h enthält einfach entartete **h**-Dreiecke ABX, bei denen zwei **h**-Ecken A und B auf dem Horozykel liegen und die dritte **h**-Ecke jener Fernpunkt X ist, in dem h die **e**-Gerade ω berührt.

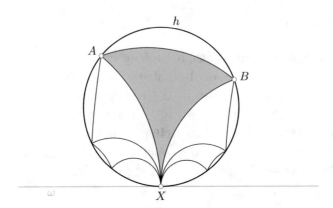

Durch **h**-Spiegelung von ABX an den **h**-Geraden AX bzw. BX erhält man weitere einbeschriebene einfach entartete **h**-Dreiecke. Durch wiederholtes **h**-Spiegeln sieht man, dass ein Horozykel unendlich viele einfach entarteter **h**-Dreiecke enthält. Sein **h**-Flächeninhalt kann daher nicht endlich sein.

16. Beweise

16.1. Eigenschaften der Kreisinversion

Dieser Abschnitt betrifft ausschließlich die euklidsche Geometrie. Der Präfix e wird daher weggelassen.

Gegeben ist ein Kreis k mit Zentrum M. Die Bildpunkte unter der Inversion werden hier immer durch Striche angedeutet: so ist P' der Bildpunkt von P.

Satz 16.1.1. *Das Dreieck MPQ ist ähnlich zum Dreieck $MQ'P'$.*

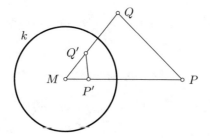

Beweis. Der Kreis k habe den Radius r. Aus

$$MP \cdot MP' = r^2 = MQ \cdot MQ'$$

folgt $MP : MQ = MQ' : MP'$. Außerdem gilt $\sphericalangle PMQ = \sphericalangle Q'MP'$. Daher sind die Dreiecke MPQ und $MQ'P'$ ähnlich. $\qquad\square$

Satz 16.1.2. *Das Bild einer Geraden g bei der Inversion an einem Kreis k mit Mittelpunkt M ist:*

- *die Gerade g selbst, wenn M auf g liegt,*

- *ein Kreis, der durch M verläuft.*

Beweis. Der Punkt P ist der Lotfußpunkt von M auf g, der Punkt Q ist ein beliebiger Punkt von g.

© Springer Fachmedien Wiesbaden GmbH, ein Teil von Springer Nature 2019
M. Barot, *Einführung in die hyperbolische Geometrie*,
https://doi.org/10.1007/978-3-658-25813-9_16

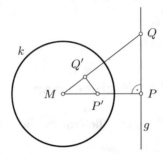

Gemäß Satz 16.1.1 sind die zwei Dreiecke MPQ und $MQ'P'$ zueinander ähnlich. Daher gilt $\sphericalangle P'Q'M = \sphericalangle QPM = 90°$. Da P fest ist, so ist auch P' fest. Also muss Q' auf dem Thaleskreis über MP' liegen. Umgekehrt ist auch jeder Punkt des Thaleskreises (außer M) Bildpunkt unter der **e**-Inversion an k.   □

Satz 16.1.3. *Das Bild eines Kreises c bei der Inversion an einem Kreis k mit Mittelpunkt M ist:*

- *eine Gerade, die nicht durch M verläuft, wenn c durch M verläuft,*

- *wieder ein Kreis, der nicht durch M verläuft.*

Beweis. In der angegebenen Figur ist PQ ein Durchmesser von c. Da die drei Punkte M, P und Q auf einer Geraden liegen, so sind P, Q die Schnittpunkte con MN mit c, wobei N der Mittelpunkt von c ist.

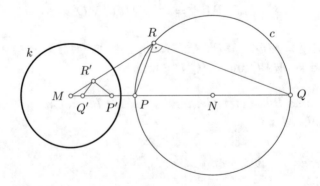

Gemäß Satz 16.1.1 gilt $\sphericalangle MR'P' = \sphericalangle MPR$ und $\sphericalangle MR'Q' = \sphericalangle MQR$ und daher

$$\sphericalangle P'R'Q' = \sphericalangle MR'P' - \sphericalangle MR'Q' = \sphericalangle MPR - \sphericalangle MQR.$$

Gemäß dem Außenwinkelsatz ist $\sphericalangle MPR = \sphericalangle MQR + 90°$. Setzt man dies oben ein, so erhält man $\sphericalangle P'R'Q' = 90°$.

Die Punkte P, Q sind fest, nur R kann sich frei auf c bewegen. Daher sind auch P' und Q' fest und R' erfüllt $\sphericalangle P'R'Q' = 90°$. Also liegt R' auf dem Thaleskreis über $P'Q'$. □

16.2. Eigenschaften der Kugelinversion

Auch dieser Abschnitt betrifft ausschließlich die euklidsche Geometrie. Der Präfix **e** wird daher wieder weggelassen.

Gegeben ist eine Kugel k mit Zentrum M. Die Bildpunkte unter der Inversion an k werden hier immer durch Striche angedeutet: so ist P' der Bildpunkt von P.

Wir erhalten aus dem zweidimensionalen problemlos folgende Resultate:

Satz 16.2.1. **(a)**   *Das Bild einer Ebene Σ bei der Inversion an einer Kugel k mit Mittelpunkt M ist:*

- *die Ebene Σ selbst, wenn M auf Σ liegt,*

- *eine Kugel, auf der M liegt.*

(b)   *Das Bild einer Kugel C bei der Inversion an einer Kugel k mit Mittelpunkt M ist:*

- *eine Ebene, die nicht durch M verläuft, wenn M auf C liegt,*

- *wieder eine Kugel, die M nicht enthält.*

Beweis. Wir legen eine Achse a fest. In **(a)** ist a das Lot von M auf Σ, in **(b)** ist a die Gerade durch M und dem Kugelzentrum von C. Dreht man nun eine Ebene E um die Achse a so erhalten wir die Aussagen aus den Sätzen 16.1.2 und 16.1.2. □

16.3. h-Kreis und h-Abstandslinie

Satz 16.3.1. *Sei k ein Kreis mit Mittelpunkt M und c ein Kreis, der k in einem rechten Winkel schneidet. Weiter sei g eine Gerade durch M, der c in den zwei Punkten U und V schneidet.*

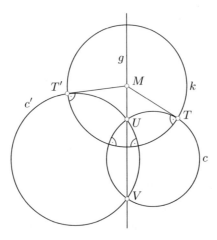

*In dieser Situation gilt: Jeder andere Kreis c' durch die Punkte U und V
schneidet k auch in einem rechten Winkel.*

Beweis. Sei MT eine Tangente von M an den Kreis c mit T dem Tangentenberührpunkt auf c. Nach dem Sehnen-Tangenten-Satz gilt

$$MU \cdot MV = MT^2.$$

Ist nun c' ein weiterer Kreis durch U und V so gilt analog

$$MU \cdot MV = MT'^2.$$

Daher liegt T' auf k und der Schnittwinkel zwischen k und c' ist ein rechter.
□

Satz 16.3.2.   **(i)** *Ein* **h**-*Kreis ist ein* **e**-*Kreis.*

(ii) *Ist k ein* **e**-*Kreis, der vollständig in der* **h**-*Ebene liegt, so ist k ein* **h**-*Kreis.*

Beweis. Wir beginnen mit (ii): Sei also k ein **e**-Kreis mit **e**-Zentrum M, der vollständig in der **h**-Ebene liegt. Sei g die **h**-Gerade durch M, die eine **e**-Halbgerade ist. Weiter sei T ein Punkt von k, der nicht auf g liegt und c die **h**-Gerade durch T, welche k senkrecht schneidet. Schließlich sei U der Schnittpunkt von g und c.

Nun vervollständigen wir dieses Bild durch eine **e**-Spiegelung an ω. Der **e**-Spiegelpunkt von U nennen wir V. Somit haben wir genau die Situation von Satz 16.3.1. Ist nun c' eine andere **h**-Gerade durcch U, so schneidet diese k in einem **h**-Punkt T' unter einem rechten **h**-Winkel.

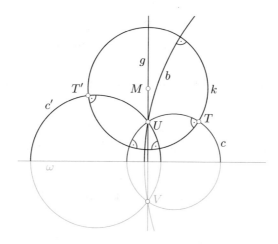

Schließlich sei b die **h**-Winkelhalbierende des **h**-Winkels $\sphericalangle TUT'$. Wiederum wissen wir wegen Satz 16.3.1, dass b den **e**-Kreis k in einem rechten Winkel schneidet. Wenn wir also an b **h**-spiegeln, so bildet sich k auf sich selbst und damit T auf T' ab. Dies zeigt, dass $|UT|_{\mathbf{h}} = |UT'|_{\mathbf{h}}$.

Nun zu (i): Sei k ein **h**-Kreis mit **h**-Mittelpunkt U. Sei g die **h**-Gerade durch U, die eine **e**-Halbgerade ist und weiter A und B die **h**-Schnittpunkte von g mit k. Ferner sei T ein **h**-Punkt von k, der nicht auf g liegt.

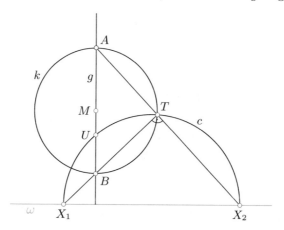

Sei c die **h**-Gerade TU. Gemäß der Definiton des **h**-Kreises gilt

$$|UA|_{\mathbf{h}} = |UT|_{\mathbf{h}} = |UB|_{\mathbf{h}}.$$

Seien X_1, X_2 die Berührpunkte von c mit ω. Nach Aufgabe 6.2 ist B der Schnittpunkt von der **e**-Geraden TX_1 mit g und A der Schnittpunkt der **e**-Geraden TX_2 mit g.

Weil X_1X_2 der Durchmesser des **e**-Halbkreises c ist, so gilt nach dem Satz von Thales, dass $\sphericalangle_{\mathbf{e}} X_1 T X_2 = 90°$. Dies bedeutet andererseits, dass T auf dem **e**-Thaleskreis über AB liegt. Somit ist gezeigt: Jeder Punkt des **h**-Kreises k liegt auf dem **e**-Thaleskreis über AB. Also ist der **h**-Kreis k ein **e**-Kreis. □

Satz 16.3.3. *Eine* **h**-*Abstandslinie zu einer Geraden* g *durch ein* **h**-*Punkt* P *ist ein* **e**-*Kreisbogen, der durch* P *verläuft und* ω *in denselben* **e**-*Punkten berührt, wie* g.

Beweis. Seien X_1, X_2 die **e**-Berührpunkt von g mit ω und sei a der **e**-Kreisbogen $X_1 P X_2$. Schließlich sei F der **h**-Lotfußpunkt von P auf g.

Sei P' ein weiterer **h**-Punkt auf derselben **h**-Seite von g wie P mit **h**-Lotfußpunkt F'. Wir müssen zeigen, dass

$$P' \text{ liegt auf } a \quad \Longleftrightarrow \quad |P'F'|_{\mathbf{h}} = |PF|_{\mathbf{h}}.$$

Sei dazu m die **h**-Mittelsenkrechte der **h**-Strecke FF'. Diese schneidet g in einem rechten **h**-Winkel.

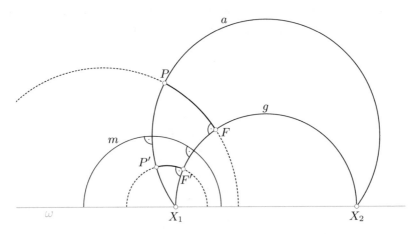

Da der durch a definierte **e**-Kreis durch die **e**-Punkte X_1 und X_2 verläuft, so gilt nach Satz 16.3.1, dass m auch **e**-senkrecht und damit **h**-senkrecht zu a ist. Eine **h**-Spiegelung an m bildet somit sowohl g als auch a auf sich ab. Somit wird F auf F' abgebildet und die **h**-Gerade PF auf die **h**-Gerade $P'F'$. Damit wird P unter der **h**-Spiegelung auf den Schnittpunkt Q von a mit der **h**-Geraden $P'F'$ abgebildet. Aber P' liegt auch auf dem Lot auf g durch F' und in demselben **h**-Abstand, womit $P' = Q$ folgen muss. Damit folgt nun die Aussage. □

16.4.   Die Winkeltreue der Kreisinversion

Ziel dieses Abschnitts ist zu zeigen, dass die **h**-Winkelsumme in jedem **h**-Dreieck kleiner als 180° ist. Der Beweis benutzt die **e**-Inversion und daher benötigen wir noch weitere Eigenschaften der **e**-Inversion.

Satz 16.4.1. *Seien e ein e-Kreis und ferner c ein e-Kreis und d ein e-Kreis oder eine e-Gerade und c′, d′ ihre Bilder bei der e-Inversion an e. Dann gilt: berühren sich c, d in einem e-Punkt B und keinem weiteren e-Punkt, so berühren sich c′, d′ im e-Punkt B′ und keinem weiteren e-Punkt.*

Beweis.   Sicherlich haben $c′, d′$ den **e**-Punkt $B′$ gemein. Hätten sie noch einen weiteren **e**-Punkt C gemein, so hätten c, d den Punkt $C′$ gemein, was nach Voraussetzung nicht zutrifft.   □

Satz 16.4.2. *Sei e ein e-Kreis und g eine e-Gerade und g′ das Bild von g unter der e-Inversion an e. Dann verläuft g′ durch das e-Zentrum M von e und die e-Tangente in M an g′ ist e-parallel zu g.*

Beweis.   Verläuft g durch M so gilt $g′ = g$ und $g′$ ist auch gleich der **e**-Tangenten in M. Verläuft g nicht durch M so ist $g′$ ein **e**-Kreis durch M. Ist P ein Punkt auf g und $P′$ das Bild, so nähert sich $P′$ an M an wenn P sich auf g entfernt.

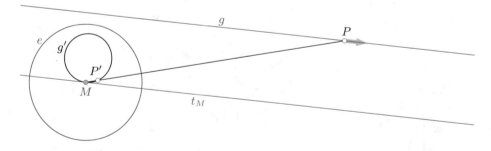

Die Verbindung PM dreht sich in die **e**-Tangente t_M in M an $g′$ und die Tangente t_M muss parallel zu g sein.   □

Schneiden sich zwei **e**-Kreise oder ein **e**-Kreis und eine Gerade, so misst man den **e**-Schnittwinkel mit den **e**-Tangenten im **e**-Schnittpunkt.

Satz 16.4.3. *Die e-Kreisinversion ist winkeltreu, d. h. schneiden sich zwei e-Kurven (gemeint sind jeweils e-Kreis oder e-Gerade) c, d unter dem Schnittwinkel α, so schneiden sich auch Bildkurven c′, d′ bei e-Inversion an e unter dem e-Winkel α.*

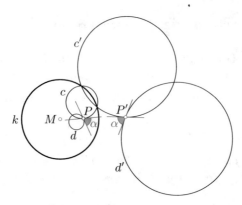

Beweis. Sei P der **e**-Schnittpunkt von c und d. Gemäß Satz 16.4.1 können wir c und d durch ihre **e**-Tangenten t_c, t_d in P ersetzen. Es gilt dann, dass der Schnittwinkel zwischen c und d derselbe ist, wie zwischen t_c und t_d: $\sphericalangle_{\mathbf{e}}(c,d) = \sphericalangle_{\mathbf{e}}(t_c, t_d)$. Für die Bildkurven c' und d' sowie die Bildkurven t_c', t_d' der Tangenten t_c, t_d gilt ebenso $\sphericalangle_{\mathbf{e}}(c',d') = \sphericalangle_{\mathbf{e}}(t_c', t_d')$. Nach Satz 16.4.2 verlaufen t_c', t_d' beide durch das **e**-Zentrum M von e.

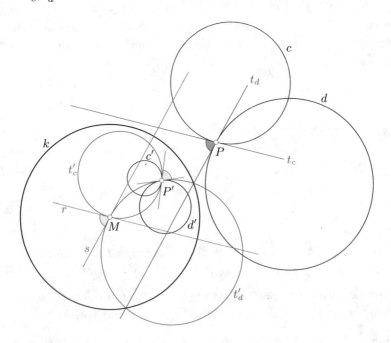

Seien nun r und s die **e**-Tangenten an t_c' bzw. t_d' in M. Diese sind nach Satz 16.4.2 **e**-parallel zu t_c, t_d. Daher gilt $\sphericalangle_{\mathbf{e}}(t_c, t_d) = \sphericalangle_{\mathbf{e}}(r,s) = \sphericalangle_{\mathbf{e}}(t_c', t_d')$ womit dann $\sphericalangle_{\mathbf{e}}(c,d) = \sphericalangle_{\mathbf{e}}(c',d')$ folgt. $\qquad\square$

16.5. Die h-Winkelsumme im h-Dreieck

Satz 16.5.1. *Die Summe der* **h***-Innenwinkel eines* **h***-Dreiecks ist kleiner als* 180°.

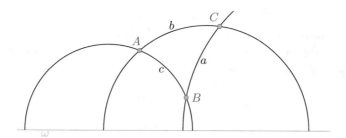

Beweis. Dazu werden die **e**-Halbkreise erst einmal zu **e**-Kreisen vervollständigt. Es entsteht so ein Spiegelbild $A^*B^*C^*$ „unterhalb" ω. Danach wird das **h**-Dreieck ABC **e**-invertiert und zwar an einem Kreis k, dessen Zentrum A^* gerade das **e**-Spiegelbild von A an ω ist. Der **e**-Radius von k kann dabei beliebig gewählt werden. In der folgenden Figur wurde dies so gemacht, dass das Bild $A'B'C'$ nicht zu stark mit der hyperbolischen Ebene („oberhalb" ω) überlappt.

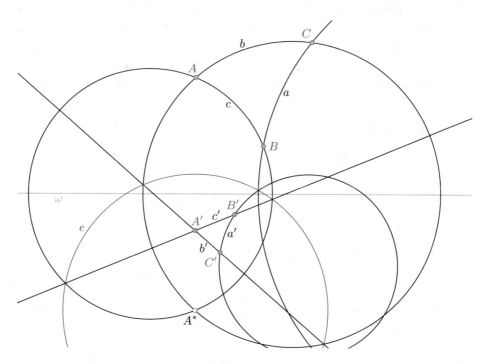

Weil die **e**-Kreisinversion die Winkel nicht ändert, ist die Summe der **h**-Innenwinkel des **h**-Dreiecks ABC gleich der Summe der Innenwinkel des gespiegelten Dreiecks $A'B'C'$, dessen eine Seite a' allerdings „eingebuchtet" ist. Die anderen beiden Seiten sind **e**-Geraden, da ja b und c nach Konstruktion durch A^* verlaufen.

Die Winkelsumme im „eingebuchteten" Dreieck $A'B'C'$, dessen eine Seite a' ein Kreisbogen darstellt, ist sicherlich kleiner als $180°$, falls A' außerhalb des **e**-Kreises a' liegt:

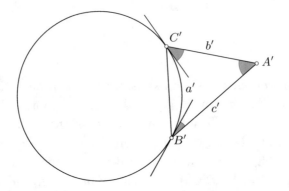

Liegt A **e**-außerhalb des **e**-Kreises a, dann liegt auch A^* **e**-außerhalb von a. Bei der **e**-Kreisinversion an k geht das **e**-Innere von a in das **e**-Innere von a' über. Liegt hingegen der **h**-Punkt A **e**-innerhalb von a, dann liegt auch A^* **e**-innerhalb von a und dann geht bei der **e**-Kreisinversion an k das **e**-Innere von a in das **e**-Äußere von a' über. Folglich liegt A' immer außerhalb von a'.

Die Winkelsumme im **h**-Dreieck ist daher immer kleiner als $180°$.   □

17. Lösungen

Aufgabe 1.1 Es wird vorausgesetzt, dass jedes Dreieck einen Umkreis besitzt. Dies ist in der euklidschen Geometrie der Fall, nicht aber in der hyperbolischen.

Aufgabe 2.1 (a) Die **h**-Gerade g ist **h**-parallel zu f und zu h.

(b) Dies gilt nicht mehr. So ist in der gegebenen Figur f **h**-parallel ist zu g und g **h**-parallel zu h, aber f und h schneiden sich.

Aufgabe 2.2 Das Parallelenaxiom gilt nicht mehr. In der nächsten Skizze sieht man zwei parallele **h**-Geraden f und g, die durch eine dritte **h**-Gerade t so geschnitten werden, dass die Innenwinkel auf einer Seite je $60°$ messen. Dennoch schneiden sich f und g nicht.

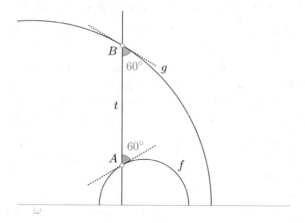

Aufgabe 2.3 Man kann vermuten, dass es **h**-Dreiecke gibt, deren Summe der Innenwinkel deutlich kleiner als $180°$ ist.

Aufgabe 3.1 (a) Sie werden mit A, B, C und D bezeichnet.

(b) Der Punkt D verschwindet.

(c) Mit der Tastenkombination Ctrl–Z kann das Löschen rückgängig gemacht werden.

(d) Man verbindet zuerst B mit C, dann C mit A, schließlich A mit B.

(e) Die Geraden drehen sich dynamisch mit.

(f) Man konstruiert zwei Höhen, zum Beispiel h_a und h_b mit dem Werkzeug ⊿ und schneidet diese dann mit dem Werkzeug ✕.

© Springer Fachmedien Wiesbaden GmbH, ein Teil von Springer Nature 2019
M. Barot, *Einführung in die hyperbolische Geometrie*,
https://doi.org/10.1007/978-3-658-25813-9 17

(g)   Es verschwinden die Geraden a, b, h_a, h_b und die Punkte C und H.

Aufgabe 3.2   (a)   Da C gelöscht wurde, wird der neue Punkt wieder C genannt.

(b)   Dazu benutzt man den Befehl ⟳ vom Menu ⊙.

(c)   Den Punkt setzt man mit dem Befehl 🄰 oder auch mit •ᴬ. Der Punkt D lässt sich nicht vom Umkreis wegziehen. Er ist an ihn gebunden.

(d)   Der Punkt der zuvor C hieß, heißt nun neu C_1. Der Punkt A lässt sich frei bewegen. Der Punkt C kann frei auf dem Umkreis verschoben werden.

(e)   Wie zuvor in Aufgabe 3.1 (f).

(f)   Es ist ein Kreis durch A, B und H. Er hat denselben Radius wie der Umkreis des Dreiecks ABC.

Aufgabe 3.3   (c)   Konstruiere die **e**-Mittelsenkrechte von AB mit dem Befehl ✗. Der **e**-Schnittpunkt von ω und m wird mit C bezeichnet. Konstruiere nun den **e**-Kreis c um C durch A mit dem Befehl ⊙. Der **e**-Kreis c definiert nun die **h**-Gerade AB.

(d)   Wähle unter den Ausgabeobjekten den Kreis c aus. Drücke dann auf 「 Weiter > 」. Unter den Eingabeobjekten lösche X_1, X_2 mit dem Knopf 「 ✗ 」. Füge noch ω ein. Klicke nochmal auf 「 Weiter > 」. Fülle dann aus mit dem Namen `hGerade` und der angegebenen Hilfe.

(f)   Setze drei **h**-Punkte A, B, C. Wähle sodann das neue Werkzeug 🔧 aus und wende es dreimal an durch Klicken auf: A, B, ω, dann auf B, C, ω und schließlich auf C, A, ω.

Aufgabe 4.1   Ist h **h**-senkrecht zu g, so schneiden sich die **e**-Tangenten t_h und t_g an h bzw. g im **h**-Schnittpunkt S in einem rechten **e**-Winkel. Nach der Eigenschaft 2 bleibt S fest. Es gilt also $S = S'$. Nach der Eigenschaft 4, gilt $\sphericalangle_h(h', g) = \sphericalangle_h(h, g) = 90°$. Dies bedeutet, dass die **e**-Tangente $t_{h'}$ in S an h' mit t_h übereinstimmt. Jetzt muss man sich nur noch vergewissern, dass es nur eine mögliche **h**-Gerade h' gibt, die durch S verläuft und dort eine vorgeschriebene Tangente hat.

Aufgabe 4.2   Die Konstruktion ist euklidisch. Der Präfix **e** wurde daher weggelassen.

Die Konstruktion eines Punktes A an einem Kreis c mit Zentrum M kann nach dem Höhensatz wie folgt erfolgen. Zuerst errichtet man die Senkrechte p auf AM durch M und schneidet diese mit c, was den Schnittpunkt C ergibt. Nun fällt man die Senkrechte a auf AC durch C und schneidet diese mit AM, was den Punkt B ergibt.

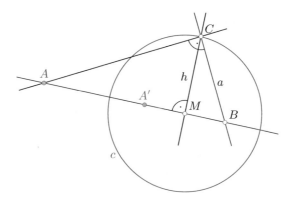

Im rechtwinkligen Dreieck ABC ist M der Höhenfußpunkt. Der Höhensatz besagt nun, dass $MC^2 = MA \cdot MB$. Nun spiegelt man noch B an M und erhält so den Bildpunkt A'.

Aufgabe 5.1   (a) $|MP'|_e = 8\,\text{cm}$,   (b) $|MP'|_e \approx 4.1\,\text{cm}$,   (c) $|MP'|_e = 3.2\,\text{cm}$, (d) $|MP'|_e = 0.016\,\text{mm}$,   (e) $|MP'|_e = 160\,\text{m}$,

Aufgabe 5.2   (b)   Die Vermutungen sind: Das Bild einer Geraden, die nicht durch M verläuft ist ein Kreis, der durch M verläuft.

Verläuft die Gerade durch M, so ist ihr Bild g selbst.

Aufgabe 5.3   Das Bild c' eines Kreises c, der nicht durch M verläuft, ist wieder ein Kreis, der nicht durch M verläuft.

Verläuft der Kreis c durch M, so ist sein Bild c' unter der Inversion eine Gerade.

Aufgabe 5.4   (a)   Bei (i) entsprechen sich $A \leftrightarrow B$, $C \leftrightarrow F$ und $D \leftrightarrow E$.

Bei (iii) entsprechen sich $A \leftrightarrow D$, $B \leftrightarrow C$ und $E \leftrightarrow F$.

(b)   Bei (i) entspricht das Innere von c dem Inneren von c' (die Teile C, D und E).

Bei (iii) entspricht das Innere von c dem Äußeren von c' (die Teile A, E und F).

(c)   Bei (ii) entsprechen sich: $A \leftrightarrow B$, $C \leftrightarrow F$ und $D \leftrightarrow E$. Daher entspricht das Innere von c der Halbebene rechts von c' (die Teile D, E und F).

Bei (iv) entsprechen sich: $A \leftrightarrow B$ und $C \leftrightarrow D$. Daher entspricht das Innere von c dem Äußeren von c' (die Teile A, C und D).

Aufgabe 5.5   Es passen zusammen: A-P, B-O, C-H, D-E, F-M, G-Q, I-S, J-T, K-K, L-L, N-N, R-R.

Aufgabe 6.1 Die **h**-Reflexion an einer **h**-Geraden, die eine **e**-Halbgerade ist, ist die übliche **e**-Achsenspiegelung.

Aufgabe 6.2 Sei k der **e**-Kreis mit Mittelpunkt X durch A. Bei einer Inversion an k bleibt A fest und die **e**-Gerade ω bleibt als **e**-Gerade fest. Da die **h**-Gerade $g = AP$ durch X verläuft und ω **e**-senkrecht berührt, muss ihr Bild die **h**-Gerade AQ sein. Außerdem muss P' auf der **e**-Geraden AP liegen, woraus $P' = Q$ und $Q' = P$ folgt. Dies zeigt, dass $|PA|_{\mathbf{h}} = |QA|_{\mathbf{h}}$ gilt.

Aufgabe 6.3 Die Konstruktion kann gemäß folgender Skizze erfolgen.

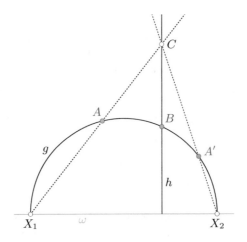

Zuerst konstruiert man die **h**-Gerade $g = AB$ mit dem Werkzeug hGerade. Ihre Berührpunkte mit ω werden als X_1, X_2 bezeichnet. Danach errichtet man die **h**-Gerade h, die durch B verläuft und **e**-senkrecht zu ω ist. Sei C der Schnittpunkt von h mit der **e**-Geraden $X_1 A$ und A' der Schnittpunkt von g mit der **e**-Geraden $X_2 C$. Nach Aufgabe 6.2 gilt $|AB|_{\mathbf{h}} = |CB|_{\mathbf{h}} = |A'B|_{\mathbf{h}}$.

Also hat man A an B **h**-gespiegelt.

Aufgabe 6.4 Die Konstruktion kann gemäß folgender Skizze erfolgen.

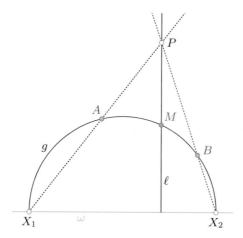

Zuerst konstruiert man die **h**-Gerade $g = AB$ mit dem Werkzeug `hGerade`. Ihre Berührpunkte mit ω werden als X_1, X_2 bezeichnet. Danach werden die **e**-Geraden $X_1 A$ und $B X_2$ konstruiert. Ihr **e**-Schnittpunkt sei P. Nun wird die **e**-Gerade ℓ konstruiert, die durch P verläuft und **e**-senkrecht zu ω ist. Sei M der Schnittpunkt von ℓ mit g. Nach Aufgabe 6.2 gilt $|AM|_{\mathbf{h}} = |BM|_{\mathbf{h}} = |PM|_{\mathbf{h}}$.

Also ist M der **h**-Mittelpunkt der **h**-Strecke AB.

Aufgabe 6.5   Alle **h**-Strecken $P_i P_{i+1}$ und $Q_i Q_{i+1}$ sind gleich **h**-lang. Denn es gilt $|P_0 P_1|_{\mathbf{h}} = |Q_0 Q_1|_{\mathbf{h}}$ und ebenso $|P_i P_{i+1}|_{\mathbf{h}} = |Q_i Q_{i+1}|_{\mathbf{h}}$, weil die eine **h**-Strecke auf die andere durch eine **e**-Streckung mi **e**-Streckungszentrum X_1 ineinander übergeht. Ebenso gilt $|Q_0 Q_1|_{\mathbf{h}} = |P_1 P_2|_{\mathbf{h}}$, und dann sukzessive $|Q_i Q_{i+1}|_{\mathbf{h}} = |P_{i+1} P_{i+2}|_{\mathbf{h}}$, was man mit eine **e**-Streckung mit **e**-Streckungszentrum X_2 einsieht.

Aufgabe 6.6   Dieses Axiom ist auch im hyperbolischen Modell erfüllt. Liegt die gegebene **h**-Strecke auf einer **e**-Halbgerade, so zeigt Aufgabe 6.5, dass man eine gegebene Strecke $P_0 P_1$ verlängern kann und zwar beliebig oft um die **h**-Strecken, die gleich **h**-lang sind wie $P_0 P_1$. Liegt die **h**-Strecke $P_0 P_1$ hingegen auf einem **e**-Halbkreis, so zeigt Aufgabe 6.3, dass man einen **h**-Punkt P_0 an P_1 **h**-spiegeln kann um P_2 zu erhalten. Danach kann man P_1 an P_2 in den **h**-Punkt P_3 spiegeln. Dies kann man beliebig oft fortsetzen.

Aufgabe 7.1   Man **h**-spiegelt P an m und erhält so den **h**-Punkt P'. Danach wird die **h**-Gerade g durch P und P' konstruiert.

Aufgabe 7.2   Konstruiere die **e**-Tangente t in P an g und sodann den **e**-Schnittpunkt X von t mit ω. Der **e**-Kreis um X durch P definiert das gesuchte **h**-Lot.

Aufgabe 7.3 Zuerst konstruiert man die **h**-Gerade $g = AB$ mit dem Werkzeug `hGerade`, dann den **h**-Mittelpunkt M der **h**-Strecke AB mit dem Werkzeug `hMittelp` und schließlich das **h**-Lot durch M zu g mit dem Werkzeug `hLotInzidenz`.

Aufgabe 7.4 Sei A' der **h**-Schnittpunkt der **e**-Tangente in B an die **h**-Gerade AB mit der **h**-Geraden durch A, die eine **e**-Halbgerade ist. Analog sei C' der **h**-Schnittpunkt der **e**-Tangente in B an die **h**-Gerade BC mit der **h**-Geraden durch C, die eine **e**-Halbgerade ist. Weiter sei w_e die **e**-Winkelhalbierende des **e**-Winkels $\angle_e A'BC'$. Schließlich sei D der **e**-Schnittpunkt von ω mit dem **e**-Lot durch B auf w_e. Der **e**-Halbkreis mit **e**-Zentrum D durch B ist die gesuchte **h**-Winkelhalbierende.

Aufgabe 7.5 Wenn sich zwei von den **h**-Mittelsenkrechten schneiden, dann schneiden sich alle drei in einem **h**-Punkt U. Es ist jedoch auch möglich, dass sie sich nicht schneiden.

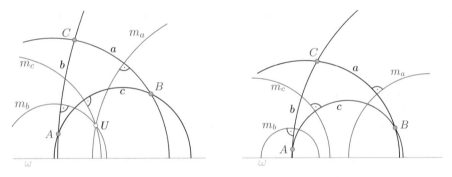

Aufgabe 7.6 Die drei **h**-Winkelhalbierenden schneiden sich immer in einem **h**-Punkt I.

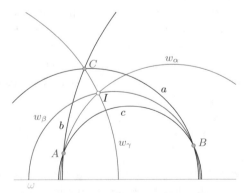

Aufgabe 7.7 Wenn sich zwei von den **h**-Höhen schneiden, dann schneiden sich alle drei in einem **h**-Punkt H. Es ist jedoch auch möglich, dass sie sich nicht schneiden.

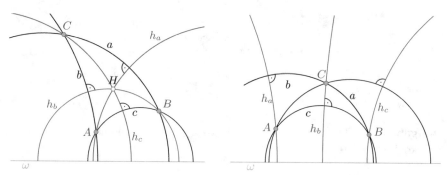

Aufgabe 7.8 Die drei **h**-Schwerlinien schneiden sich immer in einem **h**-Punkt S.

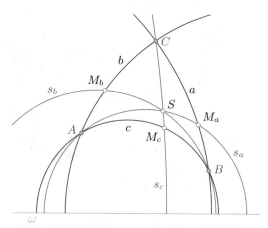

Aufgabe 8.1 Ein **h**-Kreis ist ein **e**-Kreis, allerdings ist das **h**-Zentrum des **h**-Kreises nicht gleich dem **e**-Zentrum.

Aufgabe 8.2 Die **h**-Abstandslinie zu f durch P ist der **e**-Kreisbogen, der durch P verläuft und ω in denselben **e**-Punkten berührt, wie f.

Aufgabe 8.3 Eine **h**-Abstandslinie zu einer **h**-Geraden f, die eine **e**-Halbgerade ist, ist euklidisch wieder eine **e**-Halbgerade, die ω in demselben **e**-Punkt berührt, wie f, jedoch mit ω nicht einen rechten Winkel einschließt. Dies kann man ohne **h**-Spiegelung direkt durch eine **e**-Streckung mit **e**-Zentrum auf ω (nämlich dem **e**-Berührpunkt von f mit ω) einsehen.

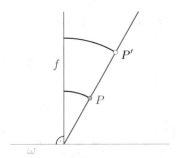

Aufgabe 8.4 Die folgende Figur zeigt den gesuchten geometrischen Ort in einer konkreten Situation.

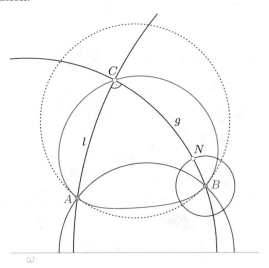

Da **h**-Kreise immer **e**-Kreise sind, kann dieser geometrische Ort offensichtlich kein **h**-Kreis sein. Der **h**-Kreis mit **h**-Durchmesser AB ist oben zum Vergleich gestrichelt eingezeichnet.

Aufgabe 8.5 Konstruiere die **h**-Gerade $g = PM$ und deren **e**-Berührpunkte X_1, X_2 mit ω. Schneide dann die **e**-Geraden $X_1 P$ und $X_2 P$ mit der **e**-Senkrechten zu ω durch M. Dies liefert die **e**-Schnittpunkte U und V. Der **e**-Thaleskreis über UV ist der gesuchte **h**-Kreis.

Aufgabe 8.6 Schneide g mit ω und konstruiere sodann den Umkreis von diesen zwei **e**-Schnittpunkten und P.

Aufgabe 8.7 Schneide den **h**-Kreis um A durch B mit dem **h**-Kreis um B durch A, um den **h**-Punkt C zu erhalten.

Aufgabe 8.8   Die Konstruktion kann ohne große Abänderung übertragen werden, nur der erste Schritt bedarf extra Aufwand: die Konstruktion der **h**-Tangenten in einem beliebigen **h**-Punkt B' von k. Sie kann zum Beispiel wie folgt erhalten werden:

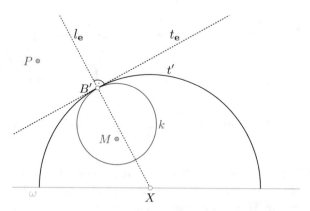

In B' errichtet man die **e**-Tangente $t_{\mathbf{e}}$ an k und darauf das **e**-Lot $l_{\mathbf{e}}$. Der Schnittpunkt X von $l_{\mathbf{e}}$ mit ω ist dann das **e**-Zentrum der **h**-Tangenten t'.

Seien nun G_1, G_2 die **h**-Schnittpunkte von t' mit dem **h**-Kreis um M durch P.

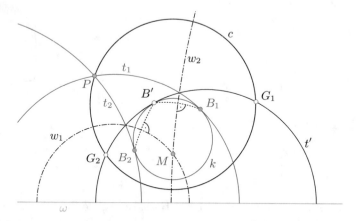

Schließlich **h**-spiegelt man B' einmal an den **h**-Winkelhalbierenden der **h**-Winkel $\sphericalangle_{\mathbf{h}} PMG1$ und einmal an $\sphericalangle_{\mathbf{h}} PMG_2$ um die **h**-Berührpunkte B_1 und B_2 zu erhalten. Die **h**-Tangenten sind dann $t_1 = PB_1$ und $t_2 = PB_2$.

Aufgabe 9.1   Die folgende Figur zeigt die Übersetzung in die hyperbolische Geometrie: fest sind die **h**-Gerade g und der **h**-Punkt P auf ihr. Der **h**-Punkt M wandert entlang g. Die **h**-Gerade l ist **h**-senkrecht zu g durch M und a ist die **h**-Abstandslinie zu l durch P.

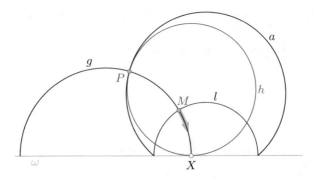

Die **h**-Abstandslinie nähert sich dem Horozykel h an, wenn M ins **h**-Unendliche wandert.

Aufgabe 9.2   Sei g eine **h**-Gerade, die eine **e**-Halbgerade ist und sei P ein **h**-Punkt auf ihr. Weiter sei M ein **h**-Punkt auf g „oberhalb" P. Der **h**-Kreis k mit **h**-Zentrum M durch P wird sich der **e**-Parellelen h durch P zu g annähern, wenn M nach oben wandert.

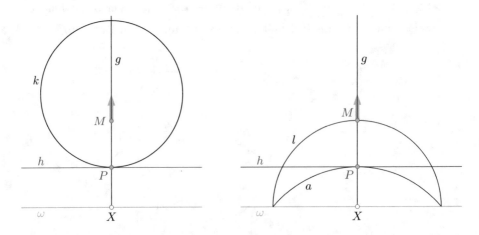

Das **h**-Lot l zu g durch M ist ein **e**-Halbkreis mit **e**-Zentrum X, wobei X der **e**-Berührpunkt von g mit ω ist. Die **h**-Abstandslinie a zu l durch P nähert sich ebenfalls derselben **e**-Parallelen h zu ω durch P an.

Aufgabe 10.1   Entfernen sich beide **h**-Punkte, B und C, von A hin zu ω, so nähert sich die **h**-Winkelsumme dem **h**-Winkel α an. Nähern sich B und C dem **h**-Punkt A, so nähert sich die Winkelsumme dem Wert $180°$.

Aufgabe 10.2   Ein **h**-Vieleck mit n Ecken lässt sich durch $n - 3$ **h**-Diagonalen in $n - 2$ **h**-Dreiecke einteilen. Die **h**-Winkelsumme im **h**-Vieleck mit n Ecken ist daher kleiner als $(n - 2) \cdot 180°$.

Aufgabe 10.3 Nimmt man $\beta = \beta'$ und $\gamma = \gamma'$ an, so erhält man in jedem Fall einen Widerspruch: Im Falle (i) hätte das **h**-Viereck $BB'C'C$ eine **h**-Winkelsumme von 360°. Im Falle (ii) bezeichnen wir mit S den Schnittpunkt der **h**-Strecken BC und $B'C'$. Das **h**-Dreieck $BB'S$ hätte dann eine Winkelsumme > 180°. Der Fall (ii) ist ganz unmöglich, denn wenn $B = B'$ und $\beta = \beta'$ so müssten auch C und C' übereinstimmen.

Aufgabe 10.4 (a) Der **h**-Punkt A ist vorgegeben. Man fällt das **e**-Lot von A auf ω und bezeichnet mit Z den Lotfußpunkt. Die **e**-Gerade AZ wird um den **e**-Winkel $\alpha' = 90° - \alpha$ um A gedreht und dann mit ω geschnitten, was den **e**-Punkt T liefert.

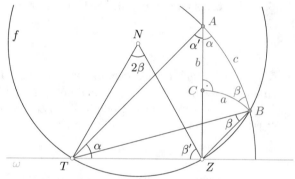

Nun konstruiert man über TZ ein gleichschenkliges **e**-Dreieck TZN so, dass $\sphericalangle_{\mathbf{e}}TNZ = 2\beta$ (dies kann man dadurch erreichen, dass man die **e**-Mittelsenkrechten von TZ mit der **e**-Geraden, die aus ω durch Drehung um $\beta' = 90° - \beta$ um Z hervorgeht, schneidet). Nun erhält man den **h**-Punkt B als Schnitt zweier geometrischer **e**-Örter: einerseits dem **e**-Kreis f um N durch Z und andererseits dem **e**-Kreis c um T durch A. Da das **e**-Zentrum von c auf ω liegt, definiert c eine **h**-Gerade. Sicherlich ist auch b eine **h**-Gerade. Sei noch a die **h**-Gerade BC. Sie hat das **e**-Zentrum in Z.

Nach Konstruktion schließt die **e**-Tangente an c in A mit b einen Winkel von α ein. Nach dem Kreiswinkelsatz ist der Peripheriewinkel $\sphericalangle_{\mathbf{e}}TBZ$ gleich dem halben Zentriwinkel $\sphericalangle_{\mathbf{e}}TNZ$ und daher gilt $\sphericalangle_{\mathbf{e}}TBZ = \beta$. Da die Tangenten senkrecht auf den Radien TB, ZB stehen, gilt auch $\sphericalangle_{\mathbf{h}}ABC = \beta$. Andererseits gilt sicher $\sphericalangle_{\mathbf{h}}BCA = 90°$.

Aufgabe 10.5 (a) Da $\frac{1}{3} + \frac{1}{6} = \frac{1}{2}$ muss $m \geq 7$ gelten.

(b) Da $\frac{1}{4} + \frac{1}{4} = \frac{1}{2}$ muss für $n = 4$ sicherlich $m \geq 5$ gelten. Aus Symmetriegründen der Ungleichung (1) muss für $n = 5$ die Abschätzung $m \geq 4$ gelten. Für $n = 6$ muss ebenfalls $m \geq 4$ gelten, da $\frac{1}{6} + \frac{1}{3} = \frac{1}{2}$.

Aufgabe 10.6 Man h-spiegelt die konstruierte h-Kachel an jeder seiner h-Seiten und die dadurch entstehenden h-Kacheln wiederum an deren h-Seiten.

Aufgabe 10.7 Es werden n und m vertauscht. Denn: Eine h-Kachel der dualen h-Parkettierung entsteht rund um eine h-Ecke einer ursprünglichen h-Kachel. Sie hat damit m h-Seiten. In der dualen h-Parkettierung stoßen soviele h-Kacheln an einer h-Ecke zusammen, wie die ursprüngliche h-Kachel h-Seiten hatte.

Aufgabe 10.8 Alle bei denen $n = m$ gilt. Die kleinste ist daher die mit Fünfecken: $n = m = 5$.

Aufgabe 11.1 Die h-Spiegelung an einer h-Ebene Σ, die e-Halbkugel ist, ist die e-Inversion an der e-Kugel, die durch Σ definiert ist. Ein h-Punkt P und sein h-Spiegelbild P^* sind e-kollinear mit dem e-Zentrum M von Σ. Außerdem gilt $|PM| \cdot |P^*M| = r^2$, wobei r der e-Radius von Σ ist.

Aufgabe 11.2 (a) Eine e-Kugelkappe: das ist der Anteil eine e-Kugeloberfläche, die durch eine e-Ebene abgetrennt wird, oder eine e-Halbebene (die allerdings nicht senkrecht auf ω stehen muss.

(b) Eine e-Kugeloberfläche, die vollständig oberhalb ω liegt.

(c) Eine e-Kugeloberfläche, die ω in einem e-Punkt berührt.

Aufgabe 11.3 (a) Eine tragende Wand sollte senkrecht zum Boden konstruiert werden.

(b) Die Böden sollten als Abstandsflächen zur Erdoberfläche konstruiert werden.

(c) Auch die Tischplatten sollten äquidistant zur Erdoberfläche konstruiert werden.

(d) Der Teppich muss für den richtigen Abstand zwischen Stockwerkboden und Erdoberfläche angefertigt sein, sonst wirft er Falten.

(e) Die Familie muss die Tische und Teppiche neu kaufen.

Aufgabe 11.4 (a) Die Wohnfläche nimmt zu mit zunehmender Höhe.

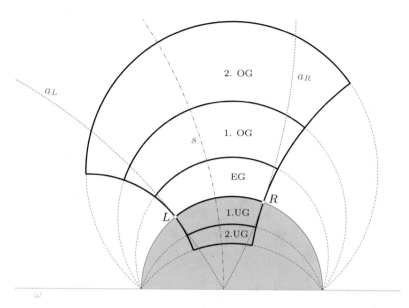

In dieser Figur ist s die Symmetrieachse des Gebäudequerschnitts und a_L, a_R sind die Abstandslinien zu s durch die Fußpunkte L, R der seitlichen Wände.

(b) Auch beim Absteigen in den Keller nimmt die benutzbare Fläche zu. Am kleinsten ist sie auf dem Erdboden, siehe die vorangehende Figur.

Aufgabe 11.5   Es gibt Fenster die an Angeln aufgehängt und drehbar sind. Diese Fenster müssen auf der Seite der Angeln gerade sein. Ansonsten ist die Form nicht wesentlich.

Ein zweiter Typ von Fenstern sind Schiebfenster. Dazu müssen die Schienen oben und unten entlang Abstandslinien laufen.

Aufgabe 11.6   Der kürzeste Weg ist 600 m lang. Es gibt zwei solche Wege, wie der folgenden Figur zu entnehmen ist.

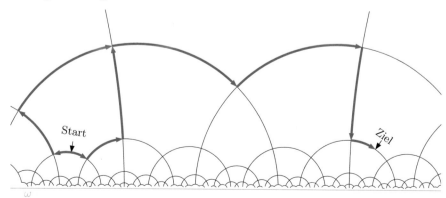

Aufgabe 11.7   Die Wege enden an unterschiedlichen Orten. Der Weg $LLRRG$ ist in der folgenden Abbildung ausgezogen gezeichnet und $LRLRG$ gestrichelt.

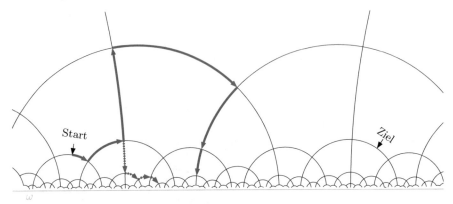

Aufgabe 12.1   Zuerst wird der h-Spiegelpunkt von A an g konstruiert. Dies ist in der folgenden Skizze in Rot angegeben. Der **e**-Punkt M_g ist das **e**-Zentrum von g. Der **e**-Punkt P liegt auf g (oder dessen **e**-Spiegelbild an ω) so, dass $\sphericalangle_{\mathbf{e}} AM_gP = 90°$. Der **e**-Punkt Q liegt auf AM_g so, dass $\sphericalangle_{\mathbf{e}} APQ = 90°$. Der Höhensatz besagt, dass $|M_gA|_{\mathbf{e}} \cdot |M_gQ|_{\mathbf{e}} = |M_gP|_{\mathbf{e}}^2$. Der **e**-Punkt A' ist der **e**-Spiegelpunkt von Q an M_g. Dies ist der gesuchte **h**-Spiegelpunkt von A an g.

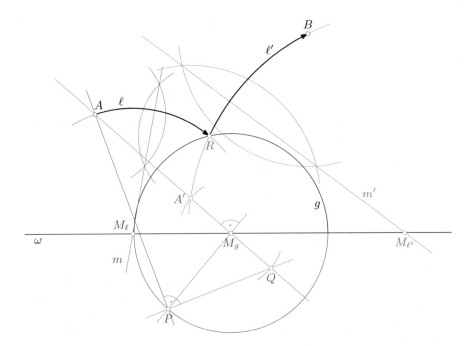

Als Nächstes folgt die **e**-Konstruktion des **h**-reflektierten **h**-Lichtstrahls ℓ', welches in Grün angezeigt wird. Dies ist $\ell' = A'B$ als **h**-Gerade. Die **e**-Gerade m' ist die **e**-Mittelsenkrechte von $A'B$ und deren **e**-Schnittpunkt mit ω liefert das **e**-Zentrum $M_{\ell'}$ von ℓ'. Der **h**-Schnittpunkt von ℓ' mit g ist der **h**-Reflektionspunkt R.

Schließlich folgt die Konstruktion des von A ausgehenden **h**-Lichtstrahls AR, welches in Blau angezeigt wird. Die **e**-Gerade m ist die **e**-Mittelsenkrechte von AR und M_ℓ der **e**-Schnittpunkt von m mit ω, das **e**-Zentrum von ℓ.

Aufgabe 12.2 Seien X und Y die **e**-Berührpunkte von g mit ω. Der erste Schritt ist in der folgenden Figur in Rot abgebildet. Wir schneiden nun die **e**-Gerade PY mit g und erhalten so eine **h**-Punkt P' mit der Eigenschaft $|AP'|_{\mathbf{h}} = |AP|_{\mathbf{h}}$. Ferner schneiden wir die **e**-Mittelsenkrechte mit AP und erhalten so den **e**-Mittelpunkt M_r des **h**-Kreises r um A durch P.

Genauso verfahren wir, um den **h**-Kreis s um B durch Q zu konstruieren, was in Blau gezeigt wird. Sei C einer der **h**-Schnittpunkte der **h**-Kreise r und s. In Grün ist noch die Konstruktion der **h**-Geraden AC und BC angegeben.

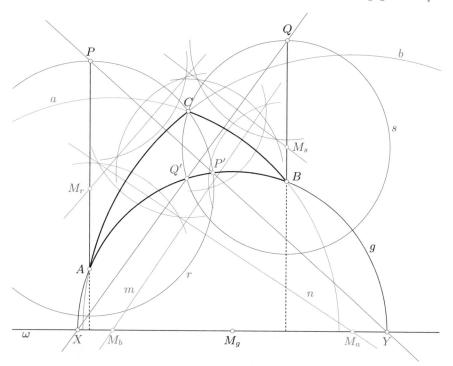

Aufgabe 12.3 Wir beginnen damit (in Rot in der folgenden Figur) einen **h**-Punkt Q' im **h**-Abstand $|PQ|_{\mathbf{h}}$ von g zu konstruieren. Dazu wird erst ein **e**-Lot von M_g auf ω gefällt und geschnitten mit g, was den **h**-Punkt P' liefert. Danach

wird PQ in $P'Q'$ **e**-gestreckt (das **e**-Streckungszentrum Z ist der Schnitt der **e**-Geraden PP' mit ω).

Als Nächstes wird die **h**-Abstandslinie d zu g im **h**-Abstand $|PQ|_h = |P'Q'|_h$ gezogen (in Grün in der Figur). Sei dazu X ein **e**-Berührpunkt von g mit ω und M_d der **e**-Schnittpunkt der **e**-Mittelsenkrechten von XQ' mit $P'Q'$. Dies ist das **e**-Zentrum von d.

Nun wird der **h**-Winkel β bei B abgetragen (in Blau eingezeichnet). Die **e**-Tangente in B an g ist **e**-Senkrecht zum **e**-Berührradius M_gB. Danach wird ein $60°$-Winkel halbiert, um die **e**-Tangente t an die **h**-Gerade a zu konstruieren. Durch den Schnitt einer weiteren **e**-Senkrechte durch B zu t, finden wir das **e**-Zentrum M_a der **h**-Geraden a. Damit kann die **h**-Gerade a und der Schnittpunkt C mit d konstruiert werden.

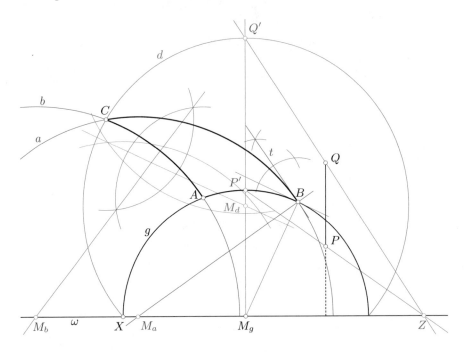

Schließlich in der Farbe Violett ist die Konstruktion der **h**-Geraden $b = AC$ angedeutet.

Aufgabe 12.4 Zuerst konstruieren wir die **h**-Gerade $g = AB$, welches in der folgenden Skizze in Rot angedeutet ist. Das e-Zentrum M_g ist der **e**-Schnittpunkt der **e**-Mittelsenkrechten m von AB mit ω. Die **e**-Fernpunkte von g werden mit X, Y bezeichnet.

Danach konstuieren wir den **h**-Mittelpunkt M_h der **h**-Strecke AB, was in Blau angezeigt wurde. Dazu schneidet man die **e**-Gerade AY mit der **e**-Geraden

BX. Der **e**-Schnittpunkt T ist ein **h**-Punkt des gesuchten **h**-Kreises k, da $|TM_{\mathbf{h}}|_{\mathbf{h}} = |AM_{\mathbf{h}}|_{\mathbf{h}} = |BM_{\mathbf{h}}|_{\mathbf{h}}$. Ferner liegt das **h**-Zentrum $M_{\mathbf{h}}$ sowie das **e**-Zentrum $M_{\mathbf{e}}$ von k **e**-senkrecht über $M_{\mathbf{h}}$ bzgl. ω. Folglich ist $M_{\mathbf{e}}$ der **e**-Schnittpunkt von m mit dem **e**-Lot ℓ von T auf ω.

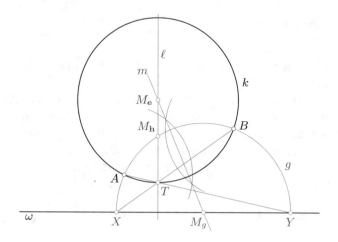

Aufgabe 12.5 Zuerst konstruieren wir die **h**-Gerade $g = AB$, welches in der folgenden Skizze in Rot angedeutet ist. Dazu wird die **e**-Mittelsenkrechte a von AB und deren Schnittpunkt M_g mit ω konstruiert. Eingezeichnet wurden auch die Fernpunkte X_1 und X_2. Mit derer Hilfe wird der **h**-Mittelpunkt der **h**-Strecke AB konstruiert, was in Blau angezeigt wird.

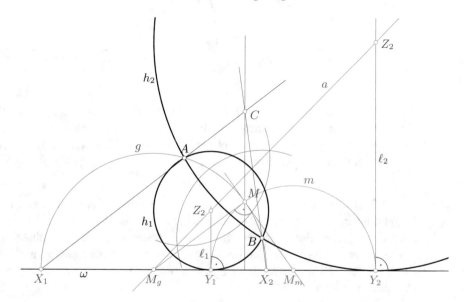

In Grün ist dann die Konstruktion der **h**-Mittelsenkrechten m von AB angezeigt. Die Fernpunkte Y_1 und Y_2 sind die **e**-Berührpunkte der gesuchten
Horozykeln. Diese lassen sich daher als **e**-Umkreise von ABY_1 bzw. ABY_2
konstruieren. Da ω **e**-Tangente an h_1 und h_2 ist, so sind die **e**-Berührradien ℓ_1,
ℓ_2 **e**-senkrecht zu ω. Die Zentren Z_1 und Z_2 von h_1 bzw. h_2 erhält man somit
als Schnittpunkte von a mit ℓ_1 bzw. ℓ_2.

Aufgabe 12.6   Als Erstes konstruieren wir eine **h**-Abstandslinie a von g, welche
h in zwei Punkten P und Q schneidet. Wir wählen dazu als **e**-Zentrum einen
beliebigen **h**-Punkt M_a auf dem **e**-Lot zu ω durch M_g. Die Konstruktion ist
in der folgenden Abbildung in Rot angedeutet. Danach konstruieren wir den
h-Mittelpunkt M der **h**-Strecke PQ, was in Blau angezeigt wird. Schließlich
konstruieren wir die **h**-Senkrechte ℓ von M auf h. Die **h**-Spiegelung an ℓ bildet
h auf sich ab, insbesondere P auf Q und damit auch die **h**-Abstandslinie a und
somit auch g auf sich. Somit ist ℓ die gemeinsame **h**-Senkrechte von g und h.

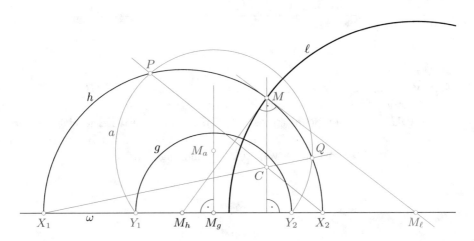

Aufgabe 13.1   Ein **h**-Kreis ist ein **e**-Kreis im Innern von ω. Ein Horozykel ist ein
e-Kreis, der ω von innen berührt. Eine **h**-Abstandslinie ist eine **e**-Sehne von ω
oder ein **e**-Kreisbogen, der ω in zwei verschiedenen **e**-Punkten berührt, aber
auf ω nicht unbedingt **e**-senkrecht steht.

Aufgabe 13.2   Unter der **e**-Kugelinversion in k geht eine **e**-Kugel wieder in eine
e-Kugel oder in eine **e**-Ebene über. Der Schnitt mit der Halbkugel Σ ist somit
immer ein **e**-Kreis. Somit ist ein **h**-Kreis in Σ ein **e**-Kreis, der vollständig
„oberhalb" von σ liegt. Ein Horozykel in Σ ist ein **e**-Kreis, der σ in einem
e-Punkt berührt. Eine **h**-Abstandslinie ist ein **e**-Kreisbogen, der σ in zwei
e-Punkten berührt.

Aufgabe 13.3   Das e-Zentrum der Scheibe entsteht als e-Projektion des „Nordpols" N der e-Halbkugel k, die das Halbkugelmodell definiert. Die Tangentialebene Σ an N in k ist parallel zur e-Ebene Ω, die ω enthält und auf die e-projiziert wird. Daher entsprechen sich die e-Winkel von e-Geraden in Σ mit den e-Projektionen in Ω.

Aufgabe 13.4   Die Konstruktion erfolgt analog zu jener in der BELTRAMI-POIN-CARÉschen Halbebene, siehe die folgende Figur.

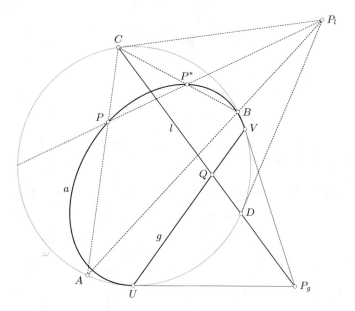

Der Punkt Q ist auf g frei bewegbar, l ist das h-Lot von Q auf g. In gestrichelten Linien ist die Konstruktion des h-Spiegelpunktes P^* von P an l dargestellt. Der geometrische Ort von P^*, wenn Q entlang g bewegt wird, ist als a dargestellt: ein e-Ellipsenbogen.

Aufgabe 13.5   Die Konstruktion erfolgt analog zu jener in der BELTRAMI-POIN-CARÉschen Halbebene als geometrischer Ort aller h-Punkte P', die durch h-Spiegelung von P an einer h-Geraden g durch M erhalten werden können, siehe die folgende Figur.

Der Punkt X ist auf ω frei bewegbar. So wird eine frei drehbare h-Gerade $g = XM$ definiert. Mit Hilfe der Tangenten in X und dem zweiten e-Schnittpunkt Y von g mit ω konstruiert man den Pol P_g von g. Nun wird P an g h-gespiegelt. Der h-Spiegelpunkt P^* muss auf dem h-Lot PP_g liegen. Sei U der zweite e-Schnittpunkt von PX mit ω und weiter U^* der zweite e-Schnittpunkt von UP_g mit ω. Schließlich ist P^* der Schnittpunkt von XU^* mit PP_g.

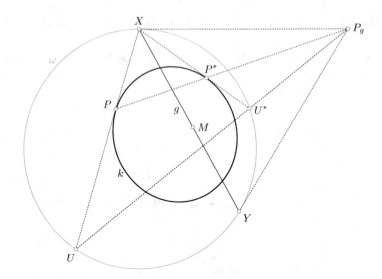

Der geometrische Ort, also der **h**-Kreis k, von P^*, wenn X entlang ω bewegt
wird, ist eine **e**-Ellipse.

Aufgabe 13.6   Die Konstruktion ist in der folgenden Skizze dargestellt.

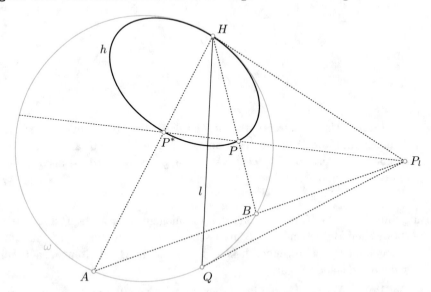

Der **e**-Punkt Q ist frei auf ω bewegbar. Die gestrichelten Linien zeigen die
e-Konstruktion des **h**-Spiegelbildes P^* von P an $l = HQ$. Der geometrische
Ort aller P^*, wenn Q auf ω bewegt wird, ist der Horozykel h.

Aufgabe 15.1   Es gilt $\delta(A, A, U, V) = \frac{AU}{AU} : \frac{AV}{AV} = 1 : 1 = 1$.

Aufgabe 15.2   Es gilt

$$\delta(B,A,U,V)\cdot\delta(A,B,U,V) = \left(\frac{BU}{AU}:\frac{BV}{AV}\right)\cdot\left(\frac{AU}{BU}:\frac{AV}{BV}\right)$$

$$= \frac{\frac{BU}{AU}}{\frac{BV}{AV}}\cdot\frac{\frac{AU}{BU}}{\frac{AV}{BV}}$$

$$= \frac{\frac{BU}{AU}\cdot\frac{AU}{BU}}{\frac{BV}{AV}\cdot\frac{AV}{BV}}$$

$$= \frac{1}{1} = 1.$$

Aufgabe 15.3   Direktes Einsetzen liefert:

$$\delta(A,B,U,V)\cdot\delta(B,C,U,V) = \frac{\frac{AU}{BU}}{\frac{AV}{BV}}\cdot\frac{\frac{BU}{CU}}{\frac{BV}{CV}} = \frac{\frac{AU}{CU}}{\frac{AV}{CV}} = \delta(A,C,U,V).$$

Aufgabe 15.4   Es gilt

$$\delta(A',B',U',V') = \frac{\frac{A'U'}{B'U'}}{\frac{A'V'}{B'V'}} = \frac{\frac{r^2}{MA\cdot MU}\cdot AU}{\frac{r^2}{MB\cdot MU}\cdot BU} = \frac{\frac{1}{MA}\cdot AU}{\frac{1}{MB}\cdot BU} = \frac{\frac{MB}{MA}\cdot\frac{AU}{BU}}{\frac{MB}{MA}\cdot\frac{AV}{BV}}$$

$$= \frac{\frac{AU}{BU}}{\frac{AV}{BV}} = \delta(A,B,U,V).$$

Aufgabe 15.5   (a)   Teilt man die Kachel vom **h**-Zentrum aus in 4 **h**-Dreiecke, so haben diese die Winkel $\frac{2\pi}{4}$, $\frac{\pi}{5}$ und $\frac{\pi}{5}$ und somit den **h**-Flächeninhalt $\pi - \frac{2}{4}\pi - \frac{1}{5}\pi - \frac{1}{5}\pi = \frac{1}{10}\pi$. Somit hat die Kachel den **h**-Flächeninhalt $4\cdot\frac{1}{10}\pi = \frac{2}{5}\pi$.

(b)   Teilt man die Kachel vom **h**-Zentrum aus in 5 **h**-Dreiecke, so haben diese die Winkel $\frac{2\pi}{5}$, $\frac{\pi}{4}$ und $\frac{\pi}{4}$ und somit den **h**-Flächeninhalt $\pi - \frac{2}{5}\pi - \frac{1}{4}\pi - \frac{1}{4}\pi = \frac{1}{10}\pi$. Somit hat die Kachel den **h**-Flächeninhalt $5\cdot\frac{1}{10}\pi = \frac{1}{2}\pi$.

(c)   Teilt man die Kachel vom **h**-Zentrum aus in m **h**-Dreiecke, so haben diese die Winkel $\frac{2\pi}{m}$, $\frac{\pi}{n}$ und $\frac{\pi}{n}$ und somit den **h**-Flächeninhalt $\pi - \frac{2}{m}\pi - \frac{1}{n}\pi - \frac{1}{n}\pi = \frac{mn-2n-2m}{mn}\pi$. Somit hat die Kachel den **h**-Flächeninhalt $m\cdot\frac{mn-2m-2n}{mn}\pi = \frac{mn-2m-2n}{n}\pi$.

Aufgabe 15.6   Die drei **h**-Winkel sind jeweils 0, daher hat ein dreifach entartetes **h**-Dreieck den **h**-Flächeninhalt $\pi - 3\cdot 0 = \pi$.

Aufgabe 15.7   Sei XYZ ein dreifach entartetes **h**-Dreieck. Die drei **e**-Punkte X, Y und Z sind also Fernpunkte. Durch eine **h**-Spiegelung an einer **h**-Geraden, die **e**-Halbkreis mit **e**-Zentrum X ist, wird das dreifach entartete **h**-Dreieck

XYZ in ein zweites dreifach entartetes **h**-Dreieck $X'Y'Z'$ **h**-gespiegelt. Beachte: X' ist der nicht sichtbare Fernpunkt „unendlich weit oben" und $Y'X'$, $Z'X'$ sind **e**-Halbgeraden. Je zwei solcher spezieller (mit zwei **e**-Halbgeraden als Seiten) dreifach entarteter **h**-Dreiecke sind zueinander **e**-ähnlich, d. h. **h**-kongruent.

Bibliografie

Dieses Werk ist eine Ausarbeitung der Schrift *Un paseo por hiperbolia* des Autors mit weiterführenden Kapiteln.

Was in diesem Büchlein in den ersten 10 Kapiteln und dem letzten Kapitel dargelegt wird, findet sich weitgehend in der Literatur oder lässt sich mehr oder weniger direkt daraus ableiten. Die Darlegungen in den restlichen Kapiteln ist außer der Betrachtung zu den **h**-Kacheln kaum in der existierenden Literatur auffindbar.

Die existierenden Werke über die hyperbolische Geometrie können in zwei verschiedene Gruppen aufgeteilt werden: In der einen ist der Ausgangspunkt ein axiomatischer und es werden keine Modelle verwendet, während in der zweiten mindestens ein Modell benutzt und dieses mit Hilfe der Analysis untersucht wird. Beispiele der ersten Gruppe sind:

- H. E. Wolfe: *Introduction to non-euclidean geometry*, Holt, Rinehart and Winston, 1945, neu gedruckt bei Dover, 2012.

- R Bonola: *Non-euclidean geometry*, Dover Publications Inc., 1995.

- H. M. S. Coxeter: *Non-euclidean geometry*, The University of Toronto Press, 1957.

- D. Gans: *An introduction to non-euclidean geometry*, Academic Press Inc., 1973.

- P. Kelly, G. Matthews: *The non-euclidean hyperbolic plane*, Springer, 1981.

Aus der zweiten Gruppe geben wir folgende Beispiele an:

- G. Buchmann: *Nichteuklidische Elementargeometrie*, Teubner 1975.

- W. Fenchel: *Elementary Hyperbolic Geometry*, Walter de Gruyter, 1989.

- S. Stahl: *A gateway to modern geometry - The Poincaré half-plane*, Jones and Bartlett Publishers, 1993.

© Springer Fachmedien Wiesbaden GmbH, ein Teil von Springer Nature 2019
M. Barot, *Einführung in die hyperbolische Geometrie*,
https://doi.org/10.1007/978-3-658-25813-9

- J. W. Anderson: *Hyperbolic geometry*, Springer 2005.

Viele dieser Texte geben auch einen Teil der Geschichte der Entwicklung der hyperbolischen Geometrie wieder. Wer jedoch diese Geschichte genauer kennen lernen möche, sei auch auf das folgende Buch verwiesen:

- B. A. Rosenfeld: *A history of non-euclidean geometry, Evolution of the concept of the concept of geometric space*, Springer, 1988.

Originaltexte der Entstehungsgeschichte der hyperbolischen Geometrie mit einleitenden Erklärungen bietet:

- J. Stillwell: *Sources of hyperbolic geometry*, The American Mathematical Society, 1996.

Für alle, die ihre Kenntnisse in der euklidschen Geometrie auffrischen möchten kann ich folgende Bücher empfehlen:

- R. A. Johnson: *Modern geometry, Advanced Euclidean geometry*, Houghton Mifflin Company, Boston 1929, neu gedruckt bei Dover, 2007.

- J. L. Heilbron: *Geometry Civilized, History, Culture and Technique*, Oxfrod University Press, 2000.

- C. Ogilvy: *Excursions in Geometry*, Dover 1990.

Das erste Buch ist in seiner Vollständigkeit kaum zu übertreffen. Das Zweite ist reich bebildert und bietet eine traditionelle Herangehensweise. Das Dritte begeht raffinierte Wege, um schnell zu interessanten und weniger bekannten Themen zu gelangen, wie zum Beispiel die Inversion.

Ein Kombination der Euklidischen und Nichteuklidischen Geometrie bietet

- A. Filler: *Euklidische und nichteuklidische Geometrie*, Wissenschaftsverlag, 1993.

Ein weiteres empfehlenswertes Buch ist

- D. Gay: *Geometry by Discovery*, John Wiley & Sons, 1998.

Es enthält eine Vielzahl interessanter Problemstellungen.

Reich bebildert und einer Vielzahl interessanter Anwendungen der Geometrie enthält folgendes Werk.

- G. Glaeser: *Geometrie und ihre Anwendungen in Kunst, Natur und Technik*, Springer 2014.

Die folgende Liste von Bücher enthalten viele Aspekte der Geometrie, fokussieren aber nicht auf die Konstruktion mit Zirkel und Lineal.

- F. Klein: *Vorlesungen über nicht-euklidsche Geometrie*, Springer 1968.

- H. M. S. Coxeter: *Introduction to Geometry*, John Wiley & Sons, Inc., 1969.

- D. Hilbert, S. Cohn-Vossen: *Anschauliche Geometrie*, Springer Berlin Heidelberg, 1996.

- D. Singer: *Geometry: Plane and Fancy*, Springer, 1998.

- J. Richter-Gebert: *Complex Projective Geometry*, Springer 2011.

Schließlich möchte ich die Gelegenheit nutzen, um auf ein Werk hinzuweisen, das hoffentlich bald vollendet sein wird:

- D. Baumgartner: *Algorithmischer Aufbau der Elementargeometrie*.

Es bietet die Grundlage, um die Grenzen des Bekannten in der Elementargeometrie weiter auszudehnen. Hinweise sind auf der Homepage des Autors, `http:\\www.geometria.ch`, zu erwarten.

Index

© Springer Fachmedien Wiesbaden GmbH, ein Teil von Springer Nature 2019
M. Barot, *Einführung in die hyperbolische Geometrie*,
https://doi.org/10.1007/978-3-658-25813-9

Printed in the United States
By Bookmasters